Statistische Tolerierung

von Bernd Klein und Frank Mannewitz

1993. XII, 226 Seiten. (Qualitäts- und Zuverlässigkeitsmanagement; herausgegeben von Franz J. Brunner) Gebunden. ISBN 3-528-06563-X

Aus dem Inhalt: Das Buch wendet sich an Konstruktions- und Qualitätsmanagement, sowie Konstruktionspraktiker und Ingenieurstudenten. Es gibt einen Einblick in eine reale und kostengünstige Tolerierung zur Sicherung der Prozeßfähigkeit. Außer als Lehrbuch ist es noch als Schulungsunterlage für Firmenseminare geeignet.

Über die Autoren: Prof. Dr.-Ing. Bernd Klein ist Leiter des Fachgebiets für Leichtbau-Konstruktion an der Universität-Gesamthochschule Kassel. Seine Arbeitsgebiete sind: Leichtbau, Konstruktion, CAD, FEM, hwingfestigkeit, Qualitätssicherung.

Dipl.-Ing. Frank Mannewitz ist Wissenschaftlicher Mitarbeiter im Fachgebiet für Leichtbau-Konstruktion. Seine Arbeitsgebiete sind: Konstruktionstechnik und Qualitätssicherung.

Verlag Vieweg · Postfach 58 29 · 65048 Wiesbaden

vieweg

Zuverlässigkeitsbewertung zukunftsorientierter Technologien

von Arno Meyna

1994. Ca. 220 Seiten. (Qualitäts- und Zuverlässigkeitsmanagement; herausgegeben von Franz J. Brunner) Kartoniert.
ISBN 3-528-06548-6

Aus dem Inhalt: Probabilistische Bewertung hinsichtlich Zuverlässigkeit, Verfügbarkeit, Sicherheit unter systemadequater Modellierung zukunftsorientierter Technologien. Für Fach- und Führungskräfte mit Fachhochschul- oder Universitätsabschluß einer technischen/physikalischen/wirtschaftswissenschaftlichen Fachrichtung.

Über den Autor: Arno Meyna ist Universitätsprofessor für Sicherheitstheorie und Sicherheitstechnik Fachbereich Sicherheitstechnik der Bergischen Universität-GH-Wuppertal. Arbeitsgebiete: Technische Zuverlässigkeit, probabilistische Sicherheitsanalyse, Verkehrstechnik.

Verlag Vieweg · Postfach 58 29 · 65048 Wiesbaden

Horst Quentin

Versuchsmethoden im Qualitäts-Engineering

Aus dem Programm Qualitäts- und Zuverlässigkeitsmanagement

Qualitätslehre
von Walter Geiger

Wirtschaftlichkeit industrieller Zuverlässigkeitssicherung
von Franz Brunner

Qualität und Zuverlässigkeit beim Zukauf
von Gerhard Kastreuz (in Vorbereitung)

Versuchsmethoden im Qualitäts-Engineering
von Horst Quentin

Statistische Tolerierung
von Bernd Klein und Frank Mannewitz

Prozeßsicherung in der mechanischen Fertigung
von Gerhard Kranich

Zuverlässigkeitsbewertung zukunftsorientierter Technologien
von Arno Meyna (in Vorbereitung)

Chefsache Qualitätsmanagement
von Viktor Seitschek und Hans-Peter Brutschy
(in Vorbereitung)

Qualitäts- und Zuverlässigkeitsmanagement
herausgegeben von Franz J. Brunner

Horst Quentin

Versuchsmethoden im Qualitäts-Engineering

Mit 77 Bildern

Die Deutsche Bibliothek – CIP-Einheitsaufnahme

Quentin, Horst:
Versuchsmethoden im Qualitäts-Engineering /
Horst Quentin. – Braunschweig; Wiesbaden: Vieweg, 1994
(Qualitäts- und Zuverlässigkeitsmanagement)
ISBN 978-3-322-90920-6 ISBN 978-3-322-90919-0 (eBook)
DOI 10.1007/978-3-322-90919-0

Qualitäts- und Zuverlässigkeitsmanagement
Exposés oder Manuskripte zu dieser Reihe werden zur Beratung erbeten
unter der Adresse: Verlag Vieweg, Postfach 58 29, D-65048 Wiesbaden
oder der Adresse des Herausgebers:
Dipl.-Ing. Dr. techn. habil. Franz J. Brunner,
Hans-Acker-Weg 23, D-89081 Ulm; Rohrbacher Str. 13, A-1130 Wien.

Herausgeber:
Univ.-Doz. Dr. techn. Franz J. Brunner, Direktor i.R.,
Qualitäts- und Zuverlässigkeitstechnik der IVECO-FIAT.
Dozent für Qualitäts- und Zuverlässigkeitsmanagement
an der TU Wien und FH Ulm.

Autor:
Prof. Dr. Ing. Horst Quentin, GFQ-Akademie,
Leiter des Fachbereichs Total-Quality-Management

Der Verlag Vieweg ist ein Unternehmen der Verlagsgruppe Bertelsmann International.

Gedruckt auf säurefreiem Papier

ISBN 978-3-322-90920-6

Inhaltsverzeichnis

1 Einleitung

Vielleicht fragt man sich beim Anblick dieses Buches, warum noch mehr Abhandlungen über Statistische Versuchsmethodik? In den letzten Jahren ist viel über dieses Thema geschrieben worden, während man vor nicht allzu langer Zeit noch mühselig nach deutschsprachiger Literatur suchen mußte.

Bei der Statistischen Versuchsmethodik sind Planung und Vorbereitung der Versuche von allergrößter Bedeutung. So habe ich mir die Aufgabe gestellt, die einzelnen Stufen der Versuchsplanung und -durchführung systematisch aufzugliedern. Auf Theorie habe ich weitgehend verzichtet und der praktischen Anwendung den größtmöglichen Raum zugestanden. Grafische Lösungen sind mir wichtiger als mathematische Berechnungen. Nach dem Grundsatz: Ein Bild sagt mehr als tausend Worte, werden statt langer Ableitungen Bilder zur Erklärung herangezogen. Für Leute, die mehr an der mathematischen Seite interessiert sind, werden am Ende des Buches Literaturhinweise gegeben. Der Einsatz von selbst zu schreibenden Rechnerprogrammen wird durch einfache Angaben in Form von Tabellen unterstützt. Wer gekaufte Programme einsetzen will, sollte sie auf ihre Anschaulichkeit hin überprüfen, wie ich sie bei den grafischen Lösungen angewendet habe. Die Beispiele sind wegen ihrer Einfachheit ausgewählt worden. Sie sollen das Verständnis erleichtern und nicht die großen Erfolge beim Einsatz der Statistischen Versuchsmethodik herausstellen. Jeder muß erst eigene gute Ergebnisse vorweisen, um sein Unternehmen für diese Methode interessieren zu können. Wie immer ist es beim Einsatz einer neuen Technik ratsam, zuerst an lösbar erscheinende Probleme heranzugehen. Mit der gesammelten Erfahrung kann man dann versuchen, die schon lange anstehenden, chronischen Schwierigkeiten in den Griff zu bekommen. So ist es leichter, dem oft zu hörenden Argument "bei uns nicht anwendbar" erfolgreich entgegenzutreten.

Die Erklärungen zum Verständnis der Statistischen Versuchsmethodik, die in diesem Buch herangezogen werden, sind auf Akzeptanz ausgerichtet und nicht auf umfassende theoretische Genauigkeit. Das Verständnis des Praktikers ist das Ziel und nicht die Befriedigung von Wissenschaftlern, die ihre theoretischen Kenntnisse weiter vertiefen möchten. Alle gebrauchten Fachausdrükke werden einmal erklärt und anschließend immer wieder benutzt, auch wenn dies nicht unbedingt "literarisch wertvoll" ist.

Die statistischen Grundlagen werden so weit wie notwendig erklärt. Sie bestehen nicht nur in der Mittelwertberechnung und Abschätzung der Streuung. Auch die Bedeutung der Wiederholung von Versuchen zur Minimierung des Risikos und die Randomisierung — um allen Einflüssen die gleiche Chance zur Auswirkung zu geben — werden besprochen. Formeln werden nur dann angegeben, wenn sie zum Verständnis unbedingt notwendig sind. Statistisches Grundwissen als Methodik zur Lösung von Problemen sollte heute zum Allgemeinwissen gehören, auch wenn die mathematischen Grundlagen dafür manchmal schwierig zu verstehen sind. Sicher liegt das Problem der Statistik in der nicht 100%-igen Lösung, wie wir sie von der allgemeinen Mathematik her kennen. In der Statistik gibt es keine 100%-ige Antwort, sondern sie verweist immer auf ein Restrisiko, das es zu minimieren gilt. Die Abschätzung dieses Restrisikos ist eine Stärke der Statistik.

Vielleicht kann das Buch auch **den** Unternehmen Hilfestellung leisten, die bereits versucht haben, die Statistische Versuchsmethodik einzuführen, dabei aber keinen großen Erfolg hatten. Obwohl die Mitarbeiter umfassend unterrichtet wurden, gab es nur geringes Echo auf die Schulungsmaßnahmen. Eine gezielte, problemorientierte, praxisnahe Schulung im Team ist bestimmt erfolgversprechender. Das Team soll aus Mitarbeitern bestehen, die zur Lösung eines bestimmten Problems herangezogen werden. Das Training erfolgt dann an Hand von Beispielen aus dem Hause, die jeder versteht und mit denen er sich identifizieren kann. Diese Art der problemorientierten, unmittelbaren Schulung bezeichnet man auch mit **Just-in-time** Training.

Sicher lassen sich nicht alle Probleme mit Hilfe der Statistischen Versuchsmethodik lösen. Aber ein großer Teil der Schwierigkeiten, die in einem Unternehmen auftreten, können mit dieser Methodik beseitigt werden. Vor allen Dingen, wenn es darum geht, Produkte oder Prozesse zu optimieren, bietet sich die Statistische Versuchsmethodik als ideales Werkzeug an. Häufig sind es Probleme, deren Ursachen man zu kennen meint, ohne sie aber in ihrer Wichtigkeit einschätzen und somit Prioritäten setzen zu können.

Hier hilft die Statistische Versuchsmethodik, egal ob es darum geht, den Aufwand zu minimieren oder den Ertrag zu maximieren. Oder wir greifen den Gedanken Taguchis auf, der uns die Reduzierung der Streuung als ein wichtiges Ziel vor Augen führt. Nach seiner Ansicht ist es vorrangig, die Variation der Produktmerkmale zu verringern, um damit die Qualität unserer Produkte verbessern zu können. Ich werde das später noch im Detail erläutern.

Die Statistische Versuchsmethodik läßt uns auch die Abhängigkeit der Einflußgrößen untereinander erkennen. Diese sogenannten Wechselwirkungen werden in ihrem Einfluß auf das Ergebnis beurteilt und gewichtet. Gerade das macht die Statistische Versuchsmethodik der sogenannten One-by-one-Faktor Methode überlegen, die heute meist in den Betrieben angewendet wird.

Was auch immer die Abweichungen vom Optimum oder die Streuungen hervorruft, die Statistische Versuchsmethodik hilft, Produkte und/oder Prozesse zu verbessern. Die Verbesserung besteht in der Annäherung an den Idealwert und/oder in der Reduzierung der Streuung. Diese heißt es, gezielt zu minimieren, wobei die Betonung auf "gezielt" liegt. Die Haupteffekte von Einflußgrößen werden herausgefiltert, die die Abweichungen vom Zielwert entscheidend beeinflussen. Man kann sich bei Maßnahmen, die auf Grund von Versuchsergebnissen ergriffen werden, auf die wichtigsten Einflußgrößen beschränken. Nur die Einflüsse, die das Problem hervorgerufen haben, führen zu Aktivitäten, und alle Aufwendungen in Zeit und Geld können gezielt eingesetzt werden. Das "*Setzen von Prioritäten*" wird erfolgreich unterstützt und alle Anstrengungen **zielorientiert** ausgerichtet.

Mit Erreichung des Ziel- oder Nominalwerts und Reduzierung der Streuung ist die Verringerung von Schrott, Nacharbeit oder anderen Verlusten zwangsläufig verbunden. Somit ist die Statistische Versuchsmethodik ein ideales Mittel zur Qualitätsverbesserung bei gleichzeitiger Erhöhung der Produktivität, weil Kostenreduzierungen damit verbunden sind. Man könnte deshalb auch von einer Verbesserung der "*Qualitivität*" sprechen, um deutlich zu machen, daß beide Begriffe zusammengehören.

Probleme sind somit alle dimensionalen, funktionellen und materiellen Abweichungen vom angestrebten Zielwert. Jeder Bäcker kann die Versuchsmethodik benutzen, um seinen Brötchen immer die gleiche Größe und den gewünschten Bräunungsgrad mitzugeben. Jeder Hersteller von Verbrennungsmotoren kann die Statistische Versuchsmethodik einsetzen, um seine Motoren auf niedrigste und nahezu gleiche Verbrauchswerte zu bringen. Jede Bank kann die Methodik verwenden, um Fehlbuchungen zu minimieren. In der Raumfahrt wird sie eingesetzt, um das Risiko von Fehlfunktionen auf ein unbedeutendes Minimum zu reduzieren. Die Hersteller von Medikamenten stellen so die Wirkung, Verträglichkeit und Nebenwirkungen ihrer Neuentwicklungen fest. Die Züchter von Saatgut optimieren die Ernteerträge auf bestimmten Böden und unter gewissen klimatischen Verhältnisse bei minimierter Zugabe von Kunstdünger. Dem erfolgreichen Einsatz der Statistischen Versuchsmethodik steht somit ein weites Feld offen.

Jedes Unternehmen ist aber bestrebt, bei allen Anstrengungen die Wirtschaftlichkeit nicht aus den Augen zu verlieren. Kosten werden den zu erwartenden Einsparungen gegenübergestellt, bevor man sich zur Realisierung einer Maßnahme entschließt. Diese Kosten lassen sich meist sehr einfach bestimmen. Auch die Einsparungen können mit den in den meisten Betrieben vorhandenen Kostenerfassungssystemen ziemlich genau vorausgesagt werden. Schwierigkeiten gibt es dann, wenn es um die Gewinne und Verluste geht, die mit einer solchen Verbesserungsmaßnahme verbunden sind. Wieviele neue Kunden kann man durch eine Qualitätsverbesserung hinzugewinnen? Was kostet der Verlust eines unzufriedenen Kunden infolge eines fehlerhaften Produkts? Hier kann man nur Schätzungen oder Vermutungen abgeben, die in keine Kalkulation einfließen. Es müssen häufig Entscheidungen getroffen werden, die nicht so einfach durch Zahlen belegt werden können. Ganz davon abgesehen, daß die Glaubwürdigkeit des Managements darunter leidet, wenn die Ablehnung einer Verbesserung im Gegensatz zum verkündeten "Null-Fehler-Programm" steht. Hier hat das westliche Management noch etwas hinzuzulernen.

Zurück zur Statistischen Versuchsmethodik. Erwiesenermaßen ändert sie die Denkansätze zur Lösung von Problemen grundlegend. Deshalb ist es von Anfang an wichtig, die in diesem Buch beschriebene systematische Vorgehensweise anzuwenden. Diese Systematik ist wichtiger als die Auswahl der richtigen Versuchsmethode. Bevor man mit den eigentlichen Versuchen beginnt, muß größter Aufwand in die Planung gesteckt werden.

Zurück zur Frage: Warum dieses Buch? Es würde mich freuen, wenn meine beiden Hauptanliegen

Teamarbeit und systematische Planung

ganz klar als "Message überkommen" würden. Für alle an wirklicher Qualitätsverbesserung Interessierten wäre damit der Weg zum Erfolg vorbereitet.

2 Beispiel zum Einstieg

Als die ersten Nachrichten von Taguchis Wiederentdeckung der Statistischen Versuchsmethodik über den Atlantik kamen, setzten sich in Deutschland einige "Taguchi-Fans" zusammen und überlegten, wie man seine Philosophien auch hier verbreiten könnte. Wir wollten, seinem Beispiel folgend, vor allen Dingen die Ingenieure und Praktiker ansprechen und nicht versuchen, die Theoretiker oder Statistiker zu begeistern. Trainingsprogramme sollten so wenig mathematische Ableitungen wie möglich beinhalten und grafische Lösungsansätze bevorzugen. Es war uns von Anfang an klar, daß wir praktische Beispiele bringen mußten, um die Skepsis der Techniker zu überwinden und sie so für diese Art der Versuchsplanung und Durchführung zu begeistern.

Auf der Suche nach einem allgemein verständlichen Beispiel kam mir als Problem mein täglicher Weg zur Arbeit und die dafür "verlorene und nicht voraus zu berechnende" Zeit in den Sinn. Ich wohnte damals in Solingen und arbeitete in Düsseldorf. Die Entfernung betrug ca. 35 km, und die Zeit, die ich für die Fahrt mit dem Auto benötigte, lag zwischen 35 und 60 min für meine morgendliche Wegstrecke. Eine Reihe von sogenannten "Schleichwegen" stand zur Verfügung, aber welcher war nun der günstigste? So versuchte ich, die Gesetzmäßigkeiten der Statistischen Versuchsmethodik dafür einzusetzen, den optimalen Weg zu finden. Die benötigte *Zeit* war meine Zielgröße. Aber ich suchte nicht den Weg, der mir die kürzeste Fahrzeit ermöglichte. Nein, ich wollte den Weg finden, der mir die Chance gab, meine Ankunftszeit am sichersten vorauszusagen. Ich suchte nach einer "robusten" Lösung mit der geringsten Streuung in der Fahrzeit und unabhängig von allen Einflußgrößen, die die Einschätzung der Dauer so schwierig machten.

Welche Einflußgrößen waren es, die meine Fahrzeit günstig oder ungünstig beeinflußten? Das war nicht nur der von mir gewählte Weg. Es war auch der Zeitpunkt, zu dem ich startete. Die Gleitzeit gab mir da etwas Spielraum. Auch durch meine Fahrweise konnte ich die Fahrzeit verändern. Aggressiveres Fahren und andauernder Spurwechsel auf der Autobahn waren eine Alternative, der defensives Fahren und stetiges Spurhalten gegenüberstand.

Aber es gab noch andere Einflüsse, die meine Fahrzeit beeinträchtigten. Das Wetter war eine davon. Regen oder Trockenheit konnten sich darauf auswirken. Dies galt auch für Tage, an denen Messe in Düsseldorf war, mit vielen ortsunkundigen Verkehrsteilnehmern auf den Zubringerstraßen. Diese Einflußgrößen (Störgrößen) konnte ich nicht ändern, ich hatte sie zu akzeptieren. Mein Ziel war nur, daß sie auf die Variation meiner Fahrzeit den geringstmöglichen Einfluß hatten.

Wechselwirkungen zwischen FAHRWEISE und STARTZEIT waren nicht zu erwarten. Wie wir jedoch später sehen werden, sind es gerade die Wechselwirkungen, die den Einsatz der Statistischen Versuchsmethodik so interessant machen. Aber wo keine Wechselwirkungen zu erwarten sind, braucht man sie nicht einzuplanen, auch wenn das für die Demonstration der Statistischen Versuchsmethodik sehr informativ wäre.

So plante ich meine Versuche mit Hilfe einer entsprechenden Matrix, die diese Einflußfaktoren weitgehend miteinander kombinierte. Die Zeit wurde mit einer Stoppuhr gemessen, die ich startete, wenn ich mein Haus verließ und stoppte, wenn ich bei meinem Arbeitsplatz ankam. Es war kein zusätzlicher Aufwand notwendig, da ich den Versuch während meiner täglichen Routine durchführte. Anfangs schrieb ich die benötigte Zeit in die entsprechende Zeile der von mir geführten Matrix ein. Als sie sich im Laufe der Zeit füllte, war es manchmal notwendig, fehlende Ergebnisse gezielt zu erfahren. Wenn für einen bestimmten Weg noch die Zeit bei Regen und Messe fehlte, war ich gezwungen, gezielt vorzugehen.

Wiederholungen waren genau so notwendig wie die (meist) unsystematische Auswahl der einzelnen Kombinationen (Randomisierung). Ich überließ es morgens dem Zufall, welchen Weg ich wählte. Da keine Eile bestand, konnten sich die Versuche über längere Zeit hinziehen. Wiederholt war ich allerdings nahe daran, die Versuche abzubrechen in der Meinung, den besten Weg bereits gefunden zu haben. Aber ich widerstand dieser Versuchung, da sonst aller Aufwand sinnlos gewesen wäre. Wie sich bei der Auswertung herausstellte, hätte ich einen Fehler gemacht, wenn ich meinem "Gefühl" nachgegeben hätte.

Eines Tages waren alle Kombinationen der gewählten Einflußgrößen "erfahren", und ich konnte an die Auswertung gehen. Das Ergebnis war überraschend. Es zeigte mir einen Weg, der bei bestimmter Fahrweise und einer mir angenehmen Startzeit, unabhängig von den genannten Störgrößen Wetter und Messezeit, zu einer nahezu konstanten Fahrzeit von ca. 45 min führte. Somit konnte ich meine Ankunftszeit mehr oder weniger vorausbestimmen.

Sicher mußte ich später der Statistik Tribut zollen, da es Ausreißer gab, z.B. Schnee, der nicht berücksichtigt war. Hier wäre gegebenenfalls eine dritte Stufe für die Einflußgröße WETTER notwendig gewesen: Trockenheit/ Regen/ Schnee. Aber die Wahrscheinlichkeit des Auftretens war so gering, daß ich damit leben konnte.

In dem hier geschilderten Beispiel kommen fast alle *Kenngrößen* (außer den bereits genannten Wechselwirkungen) vor, die noch näher behandelt und diese Erfolgsstory noch besser verständlich machen werden. Sie sollte nur gleich am Anfang zeigen, daß selbst alltägliche Probleme mit der Statistischen Versuchsmethodik angegangen und gelöst werden können. Die "Erfolgsstory" soll den Leser animieren, weiterzulesen, um sich mit diesem interessanten Werkzeug zur Qualitätsverbesserung vertraut zu machen.

3 Problembeschreibung

Am Anfang des Versuchs steht das Problem. Dieses Problem muß zuerst einmal genau von dem Betroffenen beschrieben werden, unabhängig davon, ob es später mit Hilfe der Statistischen Versuchsmethodik zu lösen ist oder nicht. Die Beschreibung zwingt zur systematischen und vollständigen Darstellung des Problems. Sie ist gleichzeitig der Beginn der Dokumentation, die für den gesamten Versuch begleitend vorzunehmen ist. Mit dieser Dokumentation ist sichergestellt, daß einmal erworbenes Wissen nicht verloren geht. In der Vergangenheit kam es häufig vor, daß ein Problem erneut auftauchte, aber keiner mehr wußte, welche Maßnahmen seinerzeit getroffen worden waren, die zu einem vorübergehendem Verschwinden des Problems führten. So ist man gezwungen, wieder bei Null zu beginnen, und die Gefahr eines erneuten Auftretens ist nach unvollständiger Lösung weiterhin vorhanden. Die Dokumentation stellt somit sicher, daß einmal erworbenes Wissen dem Unternehmen erhalten bleibt, auch wenn die daran Beteiligten nicht mehr zu erreichen sind.

Weiterhin trägt die Beschreibung des Problems dazu bei, die Umgebung und vor allem die an der Lösung im Team mitarbeitenden Kollegen richtig und umfassend ins Bild zu setzen. Zeichnungen, Skizzen, Bilder oder beispielhafte Teile können helfen, das Verständnis zu erleichtern und sind Bestandteil der Dokumentation. Oft ist es sinnvoll, die Beschreibung des Problems im Team noch einmal zu überarbeiten, um einen Konsens in der Darstellung zu finden.

In der Einführungsphase der Statistischen Versuchsmethodik ist die ausführliche Beschreibung des Problems von ganz besonderer Bedeutung. Sie dient nach Abschluß des Versuchs dazu, Erfolgsberichte zu haben, die dann einem größeren Kreis zugänglich gemacht werden sollen. Nichts unterstützt den Einführungsprozeß einer neuen Methode besser, als die Berichterstattung über Erfolgserlebnisse. Vor allen Dingen bei dem mit der Einführung verbundenen Umdenkungsprozeß sind sie von unschätzbarem Wert. Die Statistische

Versuchsmethodik verlangt ein systematisches und schrittweises Vorgehen, wobei jeder einzelne Schritt sorgfältig dokumentiert werden muß. Die Problembeschreibung mit allen Details liefert die Grundlage zu dieser Dokumentation.

Manchmal kann es zweckmäßig sein, ein Kodierungssystem zu benutzen, um die Ablage der Dokumentation zu systematisieren. Es erleichtert den späteren Rückgriff auf die Berichte. Die Kodierung sollte auf das Problem zugeschnitten sein. Damit hat man die Möglichkeit, ähnliche Fälle zusammen abzulegen, um sie bei Auftreten neuer Schwierigkeiten zur Lösung heranziehen zu können. Die Systematik der Kodierung kann von jedem einzelnen Unternehmen selbst gewählt werden. In der Literatur gibt es Hinweise darauf, wie man ein solches System zweckmäßigerweise gestaltet, z.B. auch in Form eines mehrstelligen Zahlenschlüssels. Probleme können auf diese Weise nach Ort des Auftretens, Art des Prozesses, Typ des Produkts, Ursache des Fehlers, gefundene Lösung usw. klassifiziert werden. Auf diese Weise sammelt man Erfahrung und kann jederzeit darauf zurückgreifen.

4 Auswahl des Teams

Bereits bei der Problembeschreibung wurde kurz die Teamarbeit, d.h. die Zusammenarbeit von Spezialisten erwähnt. Immer wieder wird heute auf die Bedeutung der Teamarbeit hingewiesen und den Einzelkämpfern oder Individualisten keine große Chance mehr in der Lösung von Problemen gegeben. Dabei besteht die Teamarbeit nicht nur darin, Spezialisten zu versammeln, die das Problem von verschiedenen Seiten betrachtend angehen und lösen können. Der weitaus größere Erfolg liegt in der von Anfang an guten Kommunikation zwischen allen Abteilungen eines Unternehmens und in der Schaffung eines Gemeinschaftsgefühl. Mißverständnisse werden weitgehend vermieden bzw. auf ein Minimum reduziert. Weiterhin stellt Teamarbeit sicher, daß die Zusammenarbeit zwischen den Abteilungen besser läuft. Man hat in jeder Abteilung einen "Freund", der für die richtigen Aktivitäten sorgt und sich für ihre Durchführung in seinem Bereich einsetzt.

Wenn man heute versucht, die Methoden der Qualitätsverbesserung zusammenzufassen, dann ist dies mit

Systematisierter Teamarbeit

am einfachsten zu beschreiben. Jeder ist vom Erfolg der Teamarbeit überzeugt, nur die Einführung ist manchmal von Schwierigkeiten begleitet. So wird von "Quasselrunde" gesprochen, oder andere diffamierende Bezeichnungen werden benutzt. Egal, ob dies in einigen Fällen zu Recht oder Unrecht besteht, die Systematisierung der Teamarbeit verspricht ein zielorientiertes Arbeiten und vermeidet unnötige Mißverständnisse.

Statistische Versuchsmethodik ohne Teamarbeit ist wenig erfolgversprechend. Nur wenn Probleme von allen Seiten betrachtet und von allen Richtungen angegangen werden, besteht Aussicht auf Erfolg. Team-Mitglieder sollten die besten Spezialisten eines Unternehmens sein, die etwas zum Problem sagen können. Ganz sicher sind das nicht nur Teilnehmer aus dem Management. Jede Abteilung hat Spezialisten auf allen Ebenen, die nur gefunden und gefördert werden müssen. Vor allen Dingen muß der Mitarbeiter oder die Mitarbeiterin aus der Fertigung beteiligt werden, der/die sich mit dem Problem täglich befassen muß. Hier befinden sich die wahren Spezialisten, die ihren Prozeß kennen und die Maschine beherrschen wie kein anderer in der gesamten Firma. Diese Mitarbeiter werden später zur Versuchsdurchführung benötigt und sollten daher von Anfang an mit in die Planung einbezogen werden.

Geht man bei der Auswahl des Teams in dieser Weise vor, stellt man außerdem sicher, daß nicht immer dieselben Mitarbeiter herangezogen werden. Häufig hat man den Eindruck, daß die Vorgesetzten nur einen bestimmten Kreis von Leuten für die Teamarbeit nominieren. Infolge Überlastung sind sie dann nicht in der Lage, ein nützliches Glied dieser Gemeinschaft zu bilden; eine Gefahr, der man von Anfang an entgegenarbeiten muß. Sind nicht genügend oder keine Spezialisten in einer Abteilung vorhanden, so ist ein gezieltes Spezialistentraining die Voraussetzung für die Einführung der Statistischen Versuchsmethodik überhaupt. Dieses Training muß den Schulungsmaßnahmen in Statistischer Versuchsmethodik vorausgehen, die dann möglichst im Team durchgeführt werden sollen. Man bezeichnet dies auch als Just-in-time Schulung, da es Teil der Vorbereitung des Versuchs ist. Das Team wird nur mit den Grundprinzipien der Statistischen Versuchsmethodik vertraut gemacht, um die Vorgehensweise zu verstehen. Das zu lösende Problem kann dabei bereits beispielhaft herangezogen werden. Es sollte auch nur über die Methoden informiert werden, die später zur Lösung benutzt werden können. Je einfacher diese Schulung gehalten wird, desto größer ist die Akzeptanz.

Darüber hinaus benötigt aber jede Firma einen oder mehrere Mitarbeiter, die intensiv in Statistischer Versuchsmethodik geschult sind. Kurse werden durch verschiedene Organisationen angeboten und finden meist extern statt. Diese Spezialisten haben dann die Aufgabe, im Team beratend zu wirken, da sie die Theorie der Versuchsmethodik beherrschen und so Mißverständnisse früh genug aufklären und Irrwege vermeiden können. Sie sind auch in der Lage, die einleitende Schulung in Statistischer Versuchsmethodik durchzuführen, sollten aber keinesfalls als Leiter des Teams eingesetzt werden, damit sie sich voll ihrem Teil als Berater widmen können. Häufig werden Mitglieder erfolgreicher Teams durch zusätzliche Schulung zu Spezialisten ausgebildet, die dann das Gedankengut der Statistischen Versuchsmethodik weiter im Unternehmen verbreiten.

Da die Erfolge der Statistischen Versuchsmethoden mit der Teamarbeit unlösbar verbunden sind, ist der richtigen Auswahl der Mitglieder große Bedeutung beizumessen. Wenn Teamarbeit nicht entsprechend durch das Management unterstützt wird, nicht die richtigen Mitarbeiter entsandt und die notwendige Zeit bewilligt wird, ist sie von Anfang an zum Scheitern verurteilt. Erfolge zu erwarten ohne Aufwand zu akzeptieren, ist nicht die richtige Grundeinstellung für ein an ständiger Qualitätsverbesserung interessiertes Unternehmen. Viele sind vielleicht durch den Titel eines erfolgreichen Buches irregeleitet worden, das "Qualität ist frei" (Quality is free) verspricht. Aufwendungen zur Verbesserung der Qualität machen sich immer bezahlt, aber eine Vorleistung ist notwendig. Viele gute Ansätze gehen an der Ungeduld des Managements zugrunde. Wir setzen uns immer selbst unter Druck, um schnelle Erfolge aufweisen zu können. Hier sollten wir mehr von dem geduldigen Streben unseres fernöstlichen Wettbewerbs lernen und übernehmen.

5 Festlegung der charakteristischen Zielgröße

Die bloße Schilderung eines Problems ist nicht ausreichend, man muß auch angeben, wie man das Problem messen kann. Was man nicht durch eine Meßgröße ausdrücken kann, ist nicht darstellbar und auch nicht zu verbessern. Das wird jedem deutlich, der versucht, eine Verbesserung verbal zu erklären. Versucht man der Anschaulichkeit wegen Grafiken zu benutzen, um z.B. die erreichten Fortschritte sichtbar zu machen, ist eine Meßgröße zwingende Voraussetzung. Besonders für Ingenieure, aber auch für Nicht-Techniker, sagt ein Bild mehr als tausend Worte. Aber dazu muß ein Maßstab gefunden und festgelegt werden.

Damit später keine Mißverständnisse aufkommen können, soll dieser Maßstab vor Beginn der Versuche festgelegt werden. Das ist auch für die Beschreibung des Ist- oder Ausgangs-Zustands eine unverzichtbare Voraussetzung. Ein Maßstab in Form einer variablen Meßgröße ist jeder attributiven Meßgröße vorzuziehen.

Zum besseren Verständnis sollen die Begriffe attributiv und variabel hier näher erläutert werden. Variable Meßgrößen orientieren sich an einer Skala, die in Einheiten unterteilt ist, wie Meter [m] für die Angabe einer Dimension oder Grad Celsius für die Temperatur. Bei attributiven Meßgrößen macht man die Unterteilung in schlecht/gut, paßt/paßt nicht, vorhanden/nicht vorhanden usw. Attributiv ist mit einer schwarz/weiß Aussage zu vergleichen, während mit Variablen alle "Grautöne" zu beschreiben sind. (Bild 5.1)

Attributive Werte setzen Fehler voraus. Unterscheidungen sind deshalb nur dann möglich, wenn viele oder wenig Fehler auftreten. Bei wenig Fehlern sind sehr große Stichproben erforderlich, um überhaupt die Chance zu haben, Unterschiede oder Veränderungen sichtbar zu machen. Für die Versuche muß man bewußt fehlerhafte Teile produzieren, um Unterschiede von Varianten erkennen zu können. Dabei werden die Kosten zwangsläufig höher als bei der Verwendung variabler Meßgrößen. In einer Zeit, in der man sich über das Erreichen von null Fehlern Gedanken macht, ist die Benutzung attributiver Meßgrößen vollkommen unzureichend.

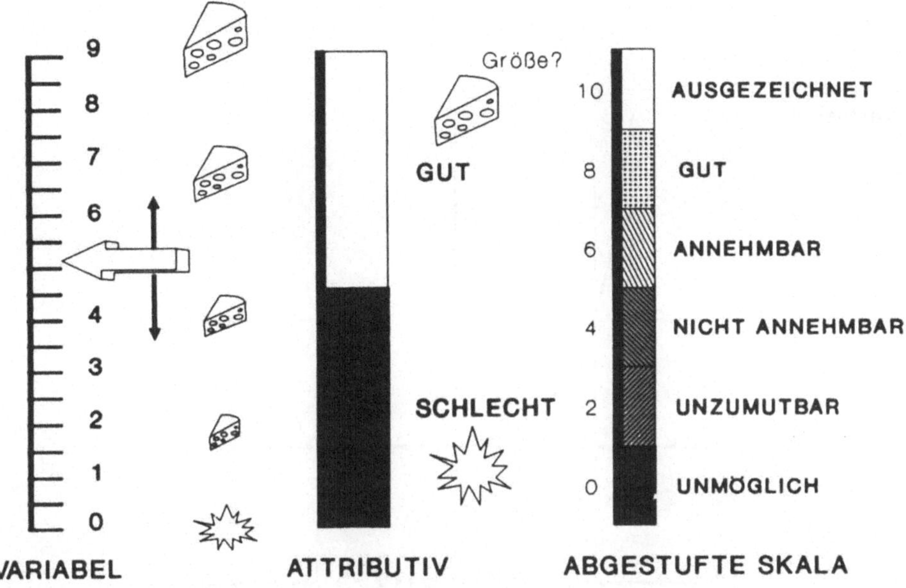

Bild 5.1
Vergleich zwischen variablen und attributiven Meßgrößen

Variable Meßgrößen lassen Unterscheidungen auch im Gut-Bereich zu. Mit anderen Worten, alle Versuchsteile sind zu verwenden, sie unterscheiden sich nur in “gute” und “sehr gute” Teile.

Erste Voraussetzung für die Festlegung der Zielgröße ist, sie möglichst in Form einer variablen Meßgröße darzustellen. Dies ist vor allen Dingen dann der einzige Weg, wenn man als Zielgröße die **Streuung** eines Prozesses benutzt, die es zu reduzieren gilt. In einem solchen Fall wird die Standardabweichung (s bzw. σ=sigma) oder der Range (R) als Zielgröße verwendet, die sich als Ergebnis einer im voraus festgelegten Stichprobengröße berechnen lassen.

Hier hilft uns die von Taguchi propagierte Verlustfunktion weiter (Bild 5.2). In der Vergangenheit waren wir gewöhnt, zwar variabel zu messen, aber die letzte Entscheidung lautete "gut" oder "schlecht". Alle Ergebnisse innerhalb der Spezifikationen waren gut. Ergebnisse außerhalb dieser, meist willkürlich festgelegten Grenzen führten zu der Entscheidung: Ausschuß oder Nacharbeit.

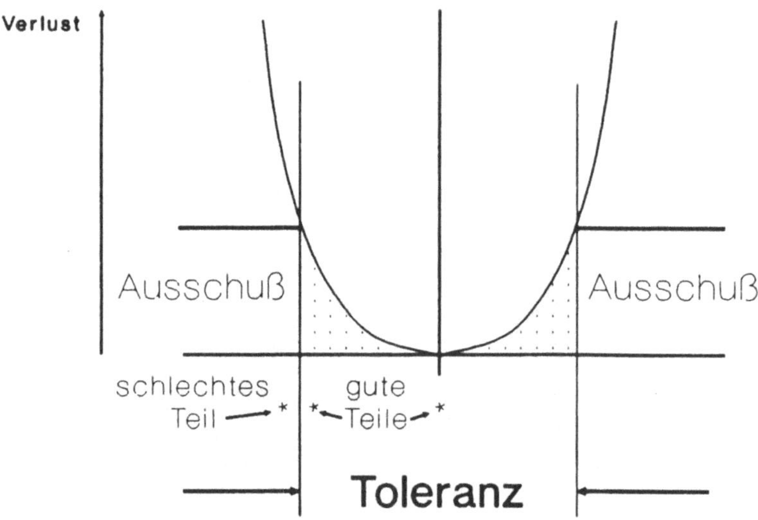

Bild 5.2
Verlustfunktion

Erst Taguchi hält uns mit seiner Verlustfunktion die Absurdität einer solchen Vereinfachung vor Augen. Teile, die an der Grenze lagen, führten zu vollkommen gegensätzlichen Entscheidungen, wenn sie nur einen Bruchteil innerhalb oder außerhalb der festgelegten Toleranzen zu finden waren. Dabei wurden diese Teile oft durch zwei- oder mehrmaliges Messen oder sogenannte Abweicherlaubnisanträge "gesundgebetet". Man erkennt das bei der Auswertung von Regelkarten, bei denen viele Werte nahe an den Grenzen, aber noch innerhalb derselben eingezeichnet sind. Die Zweifelhaftigkeit dieser Aussage wird einem dabei deutlich vor Augen geführt.

Taguchi spricht bereits von Verlusten, wenn Ergebnisse nur geringfügig vom Nominal- oder Zielwert abweichen, selbst wenn sie noch innerhalb der Toleranz liegen. Das hat im Anfang zu einigen Unmutsäußerungen bei den Qualitätsleuten geführt. Erst mit der Zeit akzeptierte man diese Denkweise und machte sie sich sogar zunutze, um dem (Top-)Management die durch Abweichung vom Zielwert entstehenden Kosten (Verluste) sichtbar zu machen. Taguchi hält es für wichtiger, die Streuung zu reduzieren, als den Zielwert auf den Nominalwert auszurichten.

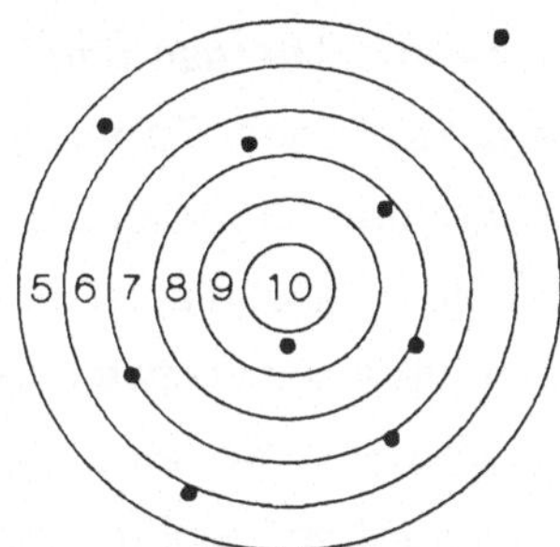

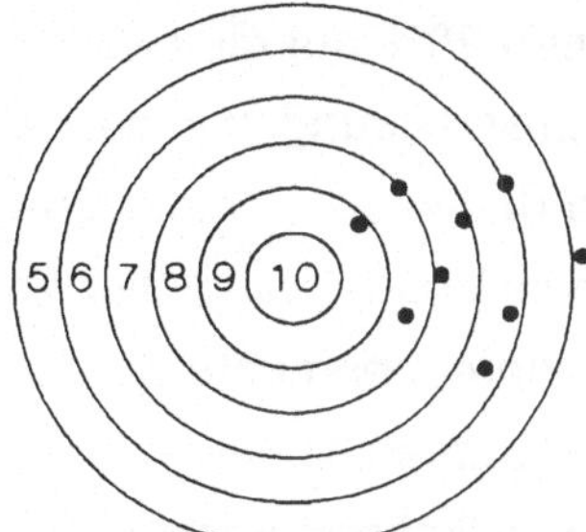

Bild 5.3
Möglichkeit für Korrekturfaktor

Vielleicht kann man das am einfachsten an der Bewertung eines Meßgeräts verdeutlichen. Weiß man aus dem Vergleich mit einem präzisen Meßgerät, daß die Ergebnisse stets nahe beieinander liegen, auch wenn sie vom wahren Wert entfernt sind, so ist dies durch die Einführung eines Korrekturfaktors einfach zu beheben (siehe Bild 5.3). Es sieht ganz anders aus, wenn die Werte sehr stark streuen, selbst wenn sie gleichmäßig um den wahren Wert verteilt sind. Hier kann eine Verbesserung der Genauigkeit nur durch mehrfache Wiederholung der gleichen Messung erreicht werden.

Man erkennt an diesem und anderen Beispielen aus dem täglichen Leben, welche Rolle die "Streuung" als Zielgröße bei unseren Optimierungsversuchen spielt oder spielen sollte.Es sei hier bereits darauf hingewiesen, daß das Ergebnis eines Optimierungsversuchs fast immer aus zwei, wenn nicht aus drei Teilen besteht:

(1) Ausrichten auf den Nominalwert,

(2) Reduzierung der Streuung und

(3) Wählen des "robusten" Bereichs.

Taguchi würde dies in anderer Reihenfolge darstellen, da er die Streuungsreduzierung für vorrangig hält. Wenn man weiß, daß ein Konstrukteur ca. 80% seiner Zeit auf die Bestimmung des Nominalwertes verwendet und nur die restlichen 20% auf die Festlegung der Toleranzen, dann sollte man das bei allen Entscheidungen in der betrieblichen Praxis berücksichtigen. Dabei sind die Mitarbeiter der Fertigung meist entgegengesetzt orientiert. Die Toleranzen stehen im Vordergrund aller Anstrengungen, und der Nominalwert spielt eine dementsprechend untergeordnete Rolle. Die Philosophie eines weltweit tätigen, bekannten Automobilproduzenten kommt mir in den Sinn, der eigentlich alle Spezifikationsgrenzen aus der Fertigung verbannt sehen möchte. Eine Ansicht, der man unter dem Gesichtspunkt der Streuungsreduzierung einen hohen Stellenwert in der Produktion beimessen sollte. Es ist Taguchis Ziel, **robuste Produkte** und/oder **robuste Prozesse** schaffen, die unempfindlich gegen alle äußeren Einflüsse sind. Robustheit läßt sich am besten mit Hilfe einer Grafik erklären (siehe Bild 5.4).

Deutlich sieht man, daß sich die gleichbleibende Veränderung der Einflußgröße abhängig von ihrer Lage unterschiedlich auf die Schwankung der Zielgröße auswirkt. Selbst wenn dies nicht der anzustrebende Wert im Hinblick auf die Optimierung der Zielgröße ist, wird nach Taguchi immer der Bereich größter Robustheit gewählt. Die Optimierung wird dann mit den anderen Einflußgrößen erreicht. Sicher eine Denkungsweise, die am Anfang etwas gewöhnungsbedürftig ist. Wenn man sich aber damit einmal gründlich auseinandergesetzt hat, erkennt man ihre wahre Bedeutung und akzeptiert sie als den einzig richtigen Denkansatz für die Prozeß- und Produkt-Verbesserung.

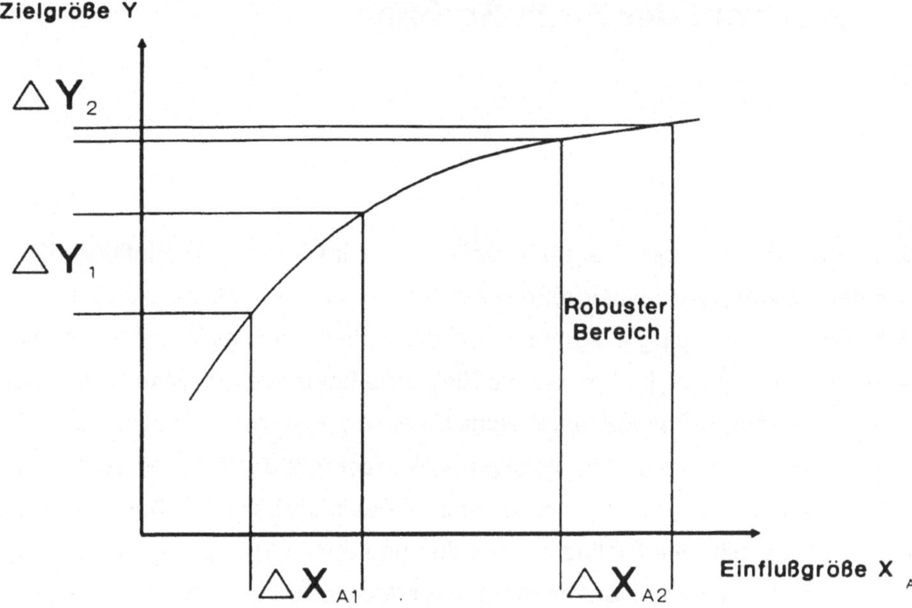

Bild 5.4
Robustheit

6 Auswahl der Einflußgrößen

Nach Bestimmung der Zielgröße sollten nun im Team die Einflußgrößen ermittelt werden, die die Zielgröße verändern können. Alle Spezialisten setzen sich zum Brainstorming zusammen und versuchen - sich gegenseitig animierend - alle Größen zu finden, die die Zielgröße beeinflussen. Man könnte die Frage folgendermaßen stellen: Welche Einflüsse hindern uns daran, nur Teile zu produzieren, die dem Nominalwert entsprechen? Jetzt schon sollte eine Unterteilung in zu beeinflussende und unbeeinflußbare Größen gemacht werden. Dies hilft, alle Einflüsse zu finden und erleichtert später die Planung der Versuche. Taguchi unterscheidet Einflußgrößen in ihrer funktionellen Auswirkung auf die Zielgröße und gibt ihnen unterschiedliche Bezeichnungen. Linear verlaufende nennt er Steuergrößen (Steuerparameter), nicht linear verlaufende werden von ihm mit Signalgrößen (Signalparameter) bezeichnet.

Zur Auffindung der Einflußgrößen wird häufig das Ishikawa- oder Fischgräten-Diagramm verwendet, da es das Erkennen der verschiedensten Gründe systematisiert und anschaulich darstellt (dokumentiert). Wie wir später sehen werden, kann es auch vorteilhaft sein, zu erwartende Wechselwirkungen bereits in diesem frühen Stadium mit zu erfassen. Wechselwirkungen sind Beeinflussungen der verschiedenen Einflußgrößen untereinander.

Wer sich schon ein wenig mit der Statistischen Versuchsmethodik befaßt hat, weiß, daß jede zusätzliche Einflußgröße zu einer höheren Anzahl von Versuchen führt. Dies kann zur Verdoppelung der Versuche für jede weitere, zusätzliche Einflußgröße führen. Das sollte aber zu diesem frühen Zeitpunkt keinesfalls zu einer Beschränkung der Kreativität führen. Nicht nur, weil dies zu den Grundregeln des Brainstorming gehört und weil ein zurückgewiesener Vorschlag zur Frustrierung eines Teammitglieds führen kann, sondern weil erwiesenermaßen die wahren, wichtigen Einflußgrößen nicht so offensichtlich sind. Dies gilt ganz besonders für Probleme, die in einem Unternehmen als chronisch bezeichnet werden, und die schon häufig angegangen wurden, um ihre Ursachen zu finden. Wie werden später sehen, daß es andere Wege gibt, die Anzahl der Versuche zu reduzieren, ohne die Anzahl der Einflußgrößen von vornherein zu beschränken.

7 Bestimmung der Stufen und Festlegung der Anzahl

Nachdem im Team die Einflußgrößen bestimmt worden sind, muß nun überlegt werden, in welchen Bereichen sie während des Versuchs geändert werden sollen, d.h. welche Einstellstufen man den einzelnen Einflußgrößen zuordnen möchte. Normalerweise werden die Grenzen **der** Bereiche für den Versuch gewählt, in denen sich diese Größen im täglichen Gebrauch bewegen. Um die Anzahl der Versuche zu minimieren, gibt man sich häufig mit zwei Stufen zufrieden, wobei man von einem linearen Verlauf zwischen den beiden Einstellwerten ausgeht.

Kann diese Linearität nicht sichergestellt oder vorausgesetzt werden, sind drei oder mehr Stufen erforderlich. Das ist vor allen Dingen wichtig, wenn man nach größerer **Robustheit** strebt, wie bereits bei der Festlegung der charakteristischen Zielgröße besprochen wurde. Für robuste Produkte und Prozesse benötigt man Nicht-Linearität zwischen Ziel- und Einflußgröße, sonst ist keine Robustheit zu erreichen.

Im Grunde genommen sollte man die Stufen immer so wählen, daß "gute" Produkte dabei entstehen. Sie sollten sich in "sehr gute" und "nicht so gute" Produkte unterscheiden, aber alle verwendbar sein. Das gibt uns die Möglichkeit, die Versuche während der normalen Fertigung durchzuführen, ohne die Produktion zu unterbrechen.

In Forschung und Entwicklung sieht es etwas anders aus, weil man dort meistens an den Extremwerten interessiert ist. Hier werden die Stufen nach anderen Gesichtspunkten ausgewählt. Man sollte sich aber auch hier vor zu extremen Werten in acht nehmen, da durch zu große Abstufungen eventuelle Nichtlinearitäten übersehen werden können, die für die Analyse und Bewertung später eine Rolle spielen.

In jedem Fall gilt die Einschränkung, daß die verschiedenen Kombinationen der Einflußgrößen auf ihre Realisierbarkeit hin zu überprüfen sind. Häufig ist eine bestimmte Kombination zweier Einflußgrößen nicht möglich, auch wenn es sich um in der täglichen Praxis übliche Einstellbereiche handelt, weil bei einer Kombination von Extremwerten eine Produktion (noch) guter Teile unmöglich ist.

Überhaupt sollten für die Einstellstufen keine exotischen oder unrealistischen Werte gewählt werden. Damit wird das Versuchsergebnis von vornherein in Frage gestellt. Zu groß gewählte Abstufungen können eine Einflußgröße als wichtig oder sogar *die* wichtigste erscheinen lassen, ohne daß dies der Realität entspricht. Das ist ein Fehler, der häufig am Anfang der Versuchsplanung gemacht wird.

Die Bezeichnung der Stufen erfolgt auf verschiedenste Weise. Zwei Stufen können durch ein (+)- und ein (-)Zeichen unterschieden werden. Andere Bezeichnungen benutzen Buchstaben, um gute Stufen (G) von schlechten (S) zu unterscheiden. Meist werden Ziffern angewendet: (1) für die erste Stufe, (2) für die zweite Stufe, (3) für die dritte usw. Man erkennt die unterschiedlichsten Varianten der Schreibweise, die den Anfänger häufig irritieren. Zur Eingewöhnung seien hier einige Varianten für die Bezeichnung einmal aufgeführt.

A1; A2; A3; für die Einflußgröße A auf drei Stufen,

A+; A-; für die Einflußgröße A auf zwei Stufen
(evtl. einer niedrigen und einer hohen),
A(G) = Gut; A(S) = Schlecht; für die Einflußgröße A auf einer (vermutlich) guten und einer (vermutlich) schlechten Stufe,
A(H) = Hoch; A(N) = Niedrig; für die Einflußgröße A auf einer höheren und einer niedrigeren Stufe.

In diesem Buch werden die verschiedensten Bezeichnungen benutzt, um den Leser daran zu gewöhnen, jedoch nicht ohne vorherige Erklärung.

8 Festlegung der Reihenfolge und Anzahl der Versuche

Damit jede Einflußgröße die gleiche Chance hat, ihren Einfluß auf die Zielgröße auszuüben, wird eine Randomisierung der Versuche dringend empfohlen. Das heißt, jede systematische Änderung der Einflußgrößen ist zu vermeiden. Häufig scheut man diese Randomisierung, weil sie zusätzlichen Aufwand bedeutet. Wenn z.B. ein Spritzgießprozeß untersucht werden soll und der Unterschied zwischen den Materialchargen ist eine Einflußgröße, dann wird man bestrebt sein, diesen Wechsel so selten wie möglich vorzunehmen. Angenommen, eine Materialcharge wird an einem Tag eingesetzt, während die zweite erst am nächsten Tag in den Versuch einbezogen wird, so werden die Versuchsergebnisse evtl. durch Änderung der Umgebungsbedingungen (Luftdruck, Luftfeuchtigkeit usw.) stark beeinflußt. Genauso kann der Einsatz eines anderen Maschinenbedieners eine unbewußte Änderung herbeiführen. Diese unbewußten Änderungen werden fälschlicherweise dem Chargenwechsel zugeordnet. Es ist dann empfehlenswert, die einzelnen Versuche über längere Zeit hinzuziehen einschließlich des Chargenwechsels, aber auf Randomisierung nicht zu verzichten, auch wenn sie zusätzlichen Aufwand bedeutet.

Es gibt einige Versuchsmethoden, die bewußt auf Randomisierung verzichten. Auf diese Besonderheit werde ich im Verlauf des Buches ganz speziell hinweisen.

Genau so lehrt uns die Statistik, von Wiederholungen Gebrauch zu machen, um die Aussagewahrscheinlichkeit zu erhöhen. Jeder, der sich mit Statistik befaßt, weiß zu schätzen, daß sie stets auf ein verbleibendes Restrisiko hinweist. Es gibt eben kein "100%iges" Ergebnis. Dieses Restrisiko unterteilt man in zwei Problembereiche.

Da ist zum einen das Risiko, eine falsche Entscheidung als "richtig" anzunehmen; zum anderen kann es passieren, daß man eine richtige Lösung nicht erkennt und deshalb ablehnt. Um diese Risiken zu minimieren (nicht um sie auf null zu bringen), sind Wiederholungen notwendig. Die statistische Mathematik zeigt uns Wege, das verbliebene Restrisiko zu bestimmen oder andererseits die zu erreichende Aussagewahrscheinlichkeit vorauszusagen. Das Risiko wird durch die Anzahl der Versuche bzw. der Wiederholungen bestimmt. Je mehr Versuche bzw. Wiederholungen der gleichen Versuchseinstellung durchgeführt werden, desto geringer ist das Risiko, zu einer falschen Aussage zu kommen (siehe auch 5. Festlegung der charakteristischen Zielgröße).

Somit spielen im Rahmen der Statistischen Versuchsmethodik Wiederholungen eine große Rolle. Wie man später sehen wird, sind einige Wiederholungen von Versuchen mit gleicher Einstellung der verschiedenen Einflußgrößen automatisch eingebaut. Aber man sollte sich im Planungsstadium bereits mit Wiederholungen auseinandersetzen. Dabei spielen verschiedene Faktoren eine Rolle. Zum ersten geht es um die Einstellbarkeit einer Stufe. Wie genau kann die Einstellung eines Wertes wiederholt werden? Zum zweiten kann aber auch die Stabilität dieser Einstellung während des Versuchs für die Bewertung des Versuchsergebnisses von großer Wichtigkeit sein. Und schließlich muß auch die Meßunsicherheit (Meßmittel-Fähigkeit) bekannt sein. Diese Faktoren können das Versuchsergebnis entscheidend verändern und dadurch zu Trugschlüssen führen. Wiederholungen sind in der Lage, diese Einflüsse aufzudecken. Dem Auswerter des Versuches fällt dann die Aufgabe zu, diese Einflüsse zu separieren, um sie von den Ergebnissen der gewählten Einflußgrößen zu trennen.

Häufig stellt sich erst während des Versuchs heraus, wie schwierig es ist, die gewählte Stufe einer Einflußgröße den Versuchsvorschriften entsprechend einzustellen. Von der Problematik, die sich dann durch eine vorgeschriebene Wiederholung ergibt, ganz zu schweigen. Diese Unsicherheit kann man durch geplante Wiederholungen (Reproduzierung) aufdecken und später bei der Optimierung berücksichtigen.

Der gleiche Effekt kann die Folge einer unzureichenden Meßmethoden-Fähigkeit sein. Das Ergebnis ist nicht reproduzierbar, weil die Meßmethodik so unsicher ist. Mit anderen Worten: bei gleichen Voraussetzungen (und gleichen Ergebnissen) des Versuches werden Unterschiede nur durch eine unfähige Meßmethode vorgetäuscht, ein in der Praxis nicht selten auftretendes Ereignis.

Damit diese Unsicherheiten voneinander unterschieden werden können, sind zusätzliche Untersuchungen notwendig, um gefundene Streuungen entsprechend analysieren zu können.

9 Erläuterung der Versuchsmethoden

Nachdem die Versuchsvorbereitungen abgeschlossen sind, sollen nun die verschiedenen Methoden der unmittelbaren Versuchsplanung und die Durchführung der Versuche besprochen werden. Hier gibt es viele Möglichkeiten der Ausführung, so daß es erforderlich ist, die einzelnen Methoden getrennt zu erläutern. Bei der Beschreibung der Versuchsmethoden wird die Theorie nur so weit wie erforderlich erwähnt, um Unterschiede erkennen sowie Stärken und Schwächen der einzelnen Methoden verstehen zu können. Erklärungen der Details werden teilweise bei den Beispielen (Kapitel 11) erwähnt, da diese Erläuterungen an Hand von Beispielen besser gebracht und verstanden werden können.

Bei der Erläuterung der Versuchsmethoden werden auch die von Taguchi und Shainin vertretenen Techniken behandelt und sowohl Gemeinsamkeiten als auch Unterschiede erwähnt. Beiden gemeinsam gebührt der Verdienst, die schon lange bekannten Techniken der Statistischen Versuchsmethodik zur Lösung von Problemen in der betrieblichen Praxis als erste wieder angewendet und verbreitet zu haben. Was aber noch wichtiger ist, beide waren maßgeblich daran beteiligt, die Systematik der Methoden verständlich für Ingenieure und Techniker aufzubereiten. Taguchi will nicht als Erfinder einer neuen Methode angesehen werden, deshalb lehnt er es auch entschieden ab, von "Taguchi Methoden" zu sprechen.

9.1 One-by-one Faktor Methode

Die One-by-one Faktor Methode war lange Zeit die von allen Technikern bevorzugte Vorgehensweise. Immer wurde betont, stets nur **eine** Einflußgröße zu variieren, weil man sonst nicht nachvollziehen kann, welche Änderung schließlich zum Erfolg geführt hat. Jeder Versuchsdurchführende wurde angehalten, so vorzugehen, und Abweichungen bezeichnete man als großen Fehler. Es wurde somit die Unabhängigkeit aller Einflußgrößen vorausgesetzt und nur additive Auswirkungen durch die Kombination von Einflußgrößen erwartet. Mit anderen Worten, am Ende der Versuche wurden die besten Einzelergebnisse (additiv) zusammengefaßt und als optimale Lösung angegeben.

Wie aus der Versuchsmatrix (Bild 9.1) zu ersehen ist, werden beim ersten Versuch alle Einflußgrößen der Ausgangsstufe [(1) oder (-)] kombiniert und das Ergebnis erfaßt. Beim zweiten Versuch wird eine Einflußgröße (A) in ihrer Stufe [auf (2) oder (+)] verändert und das Ergebnis bestimmt. Bei einem dritten Versuch sind alle Einflußgrößen wieder auf der Ausgangsstufe bis auf die dritte Einflußgröße (B), deren Auswirkung auf die Zielgröße nun getestet wird. So werden fortlaufend alle Einflußgrößen entsprechend behandelt. Die Anzahl der Versuche ist gleich der Anzahl der Einflußgrößen plus dem Ausgangsversuch:

Anzahl der Versuche = Anzahl der Einflußgrößen + 1

Jede hinzugenommene Einflußgröße erhöht die Anzahl der Versuche um einen weiteren Versuch, wenn von Wiederholungen einmal abgesehen wird. Es ist somit möglich, eine Reihe von Einflußgrößen einzubeziehen, wobei die Anzahl der Versuche durch jede weitere Einflußgröße jeweils um einen Versuch zunimmt. Da keinerlei Wechselwirkungen erwartet werden, die sich aus der Kombination verschiedener Stufen der Einflußgrößen hätten ergeben können, resultiert die optimale Lösung aus den unabhängig gefundenen Einzelergebnissen.

In Bild 9.2 wird eine grafische Darstellung gezeigt, allerdings nur für die drei Einflußgrößen A, B und C. Dies ist die maximal mögliche Darstellung einer dreidimensionalen Abhängigkeit in einer zweidimensionalen Zeichnung. In den Kreisen sind die Versuchs-Nummern genannt. Diese Darstellungsform hilft später bei anderen Versuchsmethoden, die Auswertung etwas anschaulicher zu machen. Die Differenz der Ergebnisse zwischen 1 und 2 entspricht dem Effekt von A. Entsprechend sind die Effekte von B und C aus den Unterschieden zwischen 1 und 3 bzw. 1 und 4 zu bestimmen.

7 Einflußgrößen / 2 Stufen

Versuchs Nr.	Einflußgrößen A	B	C	D	E	F	G
1	1	1	1	1	1	1	1
2	2	1	1	1	1	1	1
3	1	2	1	1	1	1	1
4	1	1	2	1	1	1	1
5	1	1	1	2	1	1	1
6	1	1	1	1	2	1	1
7	1	1	1	1	1	2	1
8	1	1	1	1	1	1	2

Bild 9.1
One-by-one Faktor Methode, Versuchs-Matrix

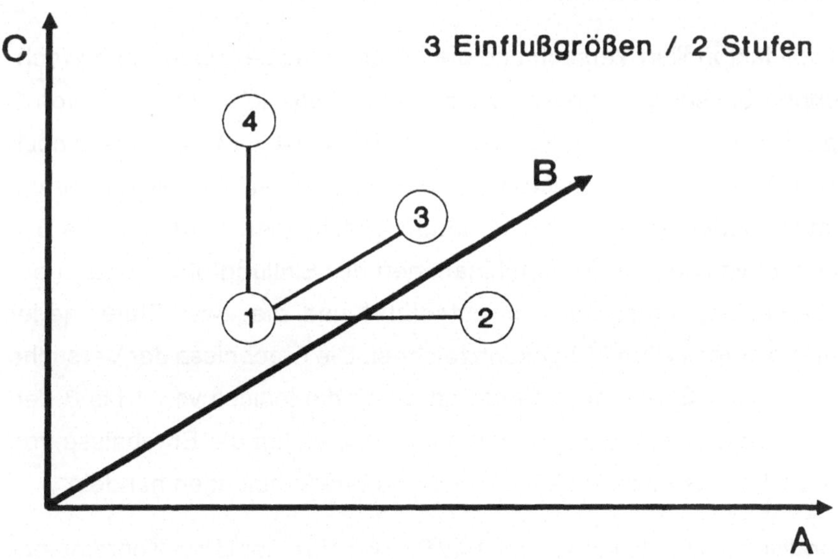

Bild 9.2
One-by-one Faktor Methode, grafische Darstellung

9.2 Voll-faktorieller Versuch

Beim voll-faktoriellen Versuch werden alle Kombinationen von Einflußgrößen mit ihren Stufen im Versuch erfaßt und ihre Ergebnisse bestimmt. Diese Kombination führt zu einer Anzahl von Versuchen, die sich nach folgender Formel berechnen läßt:

Anzahl der Versuche = n^k

Dabei bedeutet
n = Anzahl der Stufen und
k = Anzahl der Einflußgrößen.

Man erkennt an dieser Formel, daß jeder weitere Faktor eine Verdoppelung der Anzahl der Versuche zur Folge hat. Aber auch jede zusätzliche Stufe beeinflußt die Anzahl der Versuche in entscheidender Weise. Es sei bereits an dieser Stelle darauf hingewiesen, daß dies das größte Hindernis ist, den voll-faktoriellen Versuch einem großen Anwenderkreis zugänglich zu machen. Es wird später weiter darauf eingegangen, welche Wege man wählen kann, um diesen Nachteil zu reduzieren.

Um den voll-faktoriellen Versuch und die Berechnung der Haupt- und Wechselwirkungen besser verständlich zu machen, gehe ich zuerst nur von 3 Einflußgrößen auf zwei Stufen aus. Der Grund dafür ist, daß man dieses noch gut in zwei Dimensionen grafisch deutlich machen kann. Die verschiedenen Kombinationen können in Form einer Matrix geschrieben werden (siehe Bild 9.3). Die acht verschiedenen Kombinationen der Einflußgrößen sind in der ersten Darstellung untereinander aufgeführt und die zwei Stufen jeder Einflußgröße durch (+) und (-) gekennzeichnet. Die Ergebnisse der Versuche sind in der letzten Spalte aufgeführt und durch die Indices von 1 bis 8 den Versuchen zugeordnet. Es kann sich dabei sowohl um die Ergebnisse von Einzelversuchen als auch um Mittelwerte von Wiederholungen handeln.

Bei der grafischen Darstellung (siehe Bild 9.4) wird in einem Drei-Koordinaten-System ein Kubus dargestellt, der an jeder Ecke (8 Ecken = 8 Ergebnisse) ein

3 Einflußgrößen / 2 Stufen

Versuchsplan

Versuchs Nr.		A (Einflußgrößen)	B	C	Resultate
	1	–	–	–	Y_1
	2	–	–	+	Y_2
	3	–	+	–	Y_3
	4	–	+	+	Y_4
	5	+	–	–	Y_5
	6	+	–	+	Y_6
	7	+	+	–	Y_7
	8	+	+	+	Y_8

Bild 9.3
Voll-faktorielle Versuchs-Matrix

3 Einflußgrößen / 2 Stufen

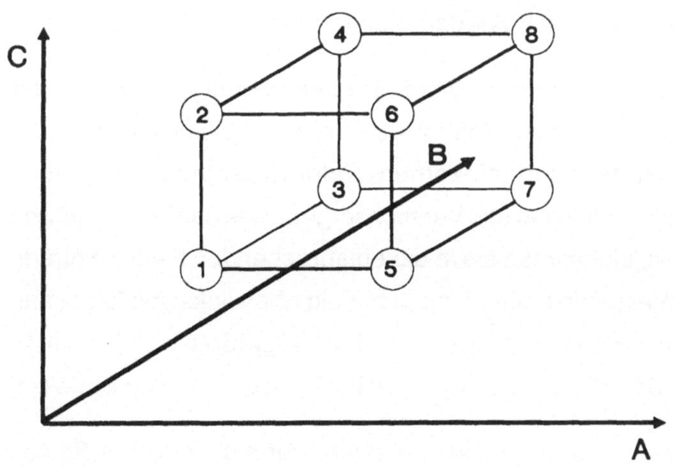

Bild 9.4
Voll-faktorieller Versuch (grafische Darstellung)

Ergebnis aufweist, das sich aus der entsprechenden Kombination von Einflußgrößen und Stufen ergibt. Diese grafische Darstellung macht die Berechnung der Effekte der Hauptwirkungen deutlich. Beginnen wir mit der Einflußgröße A. Es sind jeweils 4 Ergebnisse auf einer Seite des Kubus (A auf der ersten Stufe) mit den entsprechenden 4 Ergebnissen auf der anderen Seite des Kubus (A auf der zweiten Stufe) zu vergleichen. Die (durchschnittliche) Differenz zwischen diesen ist der Effekt der Hauptwirkung von A. Die beiden anderen Einflußgrößen (B und C) sind gleichgewichtig daran beteiligt und verändern das Ergebnis infolgedessen nicht. Der Effekt der Hauptwirkung von B wird durch die entsprechende Differenz der auf Vor- und Rückseite des Kubus genannten durchschnittlichen Ergebnisse berechnet. Die Berechnung des Effektes der Hauptwirkung von C ergibt sich aus der durchschnittlichen Differenz der vier Ergebnisse von Ober- und Unterseite des Kubus.

Besonders auffällig daran ist, daß stets alle 8 Ergebnisse benutzt werden, um den Effekt der Hauptwirkungen jeder Einflußgröße zu berechnen. Damit ist fast die gleiche Aussagewahrscheinlichkeit erreicht, als ob man die Versuche dreimal wiederholt hätte. Ferner hat man gleichzeitig eine Angabe über die Streuung der Versuchsergebnisse bei Wiederholungen, und das für alle drei Einflußgrößen. Im Vergleich zur One-by-one-Faktor-Methode sind zwar mehr Versuche durchzuführen, aber man hat eine sichere Aussage, die sich beim erstgenannten Versuch nur durch Wiederholungen erreichen läßt.

Eine andere Darstellungsweise ist in Bild 9.5 unten wiedergegeben. In der unter dem Versuchsplan gezeigten Matrix kann man die Kombinationen der Einflußgrößen und Stufen den einzelnen Feldern entnehmen. Diese Darstellungsweise macht es leichter, die Versuchsergebnisse den Einflußgrößen und Stufen zuzuordnen, indem man sie in die entsprechenden Felder einträgt. Die Numerierung der Versuche beginnt mit dem Feld oben links und folgt dann im Uhrzeigersinne den Feldern im Bereich der Einflußgröße A auf der ersten Stufe (-). Anschließend folgt sie der Systematik für A auf der zweiten Stufe (+).

Zur Berechnung der Hauptwirkungen kommt die Angabe über die Größe von Wechselwirkungen hinzu. Wechselwirkungen werden oft mißverstanden, des-

3 Einflußgrößen / 2 Stufen

Versuchsplan

		Einflußgrößen A	B	C	Resultate
Versuchs Nr.	1	–	–	–	Y_1
	2	–	–	+	Y_2
	3	–	+	–	Y_3
	4	–	+	+	Y_4
	5	+	–	–	Y_5
	6	+	–	+	Y_6
	7	+	+	–	Y_7
	8	+	+	+	Y_8

	A–		A+	
	C–	C+	C–	C+
B–	– – –	– – +	+ – –	+ – +
B+	– + –	– + +	+ + –	+ + +

Bild 9.5
Voll-faktorielle Versuchs-Matrix

halb wird von einigen Fachleuten die Bezeichnung Wechselwirkungs-Effekte vorgeschlagen. Um diesen Mißverständnissen vorzubeugen, sollen sie hier detailliert erklärt werden.

Bei der One-by-one Faktor Methode wird davon ausgegangen, daß sich durch das Zusammenwirken von zwei (oder mehr) Einflußgrößen nur additive Wirkungen ergeben können. Eine verstärkende (multiplizierende) oder reduzierende (dividierende) Wirkung kann bei dieser Versuchsmethode nicht erkannt werden, da niemals zwei Stufen von Einflußgrößen gleichzeitig geändert und das Ergebnis gemessen wird. Allein am Ende des Versuchs, wenn man die optimale Kombination der Stufen der verschiedenen Einflußgröße nachvollzieht, kann es zu Überraschungen (positiv oder negativ) kommen. Das erwartete gute (additive) Ergebnis stellt sich nicht ein. Wechselwirkungen können zu einer Verschlechterung führen, obwohl man meint, die beste Kombination gefunden zu haben. In diesen Fällen kennt man den Grund für das unerwartete Ergebnis nicht und fängt normalerweise wieder von vorne an. Die Aussage eines solchen Versuchs ist somit unbefriedigend, und Geld wird unnötig ausgegeben. Man hat die Wechselwirkungen nicht erfaßt, die für diese Überraschung verantwortlich sind. Erhält man ein Ergebnis, welches das erwartete gute (additive) Resultat noch übertrifft, sind es wiederum Wechselwirkungen, die dazu beigetragen haben. Da man aber nicht weiß, welche Wechselwirkungen das waren, ist eine erneute Versuchsreihe notwendig, um den wahren Gründen für diese Verbesserung auf die Spur zu kommen. Ein Ergebnis, das man nicht zu erklären weiß, ist immer ein unbefriedigendes Ergebnis.

Wechselwirkungen können nicht nur zwischen zwei Einflußgrößen bestehen. Es sind auch Wechselwirkungen zwischen mehreren Einflußgrößen denkbar. In dem eingangs genannten Beispiel mit drei Einflußgrößen sind somit nicht nur Wechselwirkungen zwischen (A und B), (A und C) und (B und C) vorstellbar, es kann auch zu einer Wechselwirkung zwischen allen drei Einflußgrößen kommen (A und B und C). Man spricht in einem solchen Fall von Wechselwirkungen höherer Ordnung. Diese sind in der betrieblichen Praxis sehr selten oder bereits an den Wechselwirkungen von zwei Einflußgrößen zu erkennen. Wechselwirkungen zwischen zwei Einflußgrößen sind deshalb von höherem Interesse und sollten nicht unterschätzt werden.

Die Auswirkung von Wechselwirkungen ist am besten grafisch darzustellen (Bild 9.6). Wenn man sich die obere Darstellung ansieht, in der die Veränderung der Zielgröße in Abhängigkeit von A dargestellt ist und der Einfluß von B als Parameter benutzt wird, so ist der Einfluß von B rein additiv. Die Zunahme infolge B ist auf beiden Stufen von A die gleiche. Es gibt keine Wechselwirkungen zwischen A und B. Dies wird durch die Berechnung bestätigt, bei der man jeweils den durchschnittlichen Wert von A und B auf der gleichen Stufe dem Ergebnis gegenüberstellt, wenn beide Einflußgrößen auf verschiedenen Stufen eingestellt werden. Dies ist auf der rechten Seite des Bildes grafisch dargestellt.

Die mittlere Darstellung zeigt dagegen eine stärkere Zunahme der Zielgröße durch B auf der zweiten Stufe, wenn C ebenfalls auf der zweiten Stufe ist. Führt man die Berechnung wie im ersten Falle durch, so kann man diese Wechselwirkung quantitativ bewerten.

Im unteren Teil des Bildes 9.6 zeigt die linke Grafik und die grafische Wiedergabe der Berechnung auf der rechten Seite eine starke Wechselwirkung zwischen A und C. Die Zielgröße bewegt sich in die entgegengesetzte Richtung für den Fall, daß A und C gleichzeitig auf der zweiten Stufe eingestellt werden. Diese starke Wechselwirkung wird durch die Berechnung und deren grafische Darstellung auf der rechten Seite bestätigt.

Es ist somit möglich, Effekte von Haupt- und Wechselwirkungen grafisch darzustellen und vergleichend zu betrachten. Wenn alle Grafiken den gleichen Maßstab für die Zielgröße aufweisen, sind die Hauptwirkungen der verschiedenen Einflußgrößen visuell in wichtige und unwichtige zu unterscheiden und die Wechselwirkungen ebenfalls abzuschätzen (siehe Bild 9.7 unten).

Eine ergänzende, zahlenmäßige Bewertung ergibt sich aus den durchschnittlichen Differenzen für die Effekte von Haupt- und Wechselwirkungen, wie sie am einfachsten mit Hilfe der Auswertematrix (Bild 9.7 oben) vorzunehmen ist. Die Vorzeichen helfen dabei, die richtigen Resultate zusammenzufassen, um

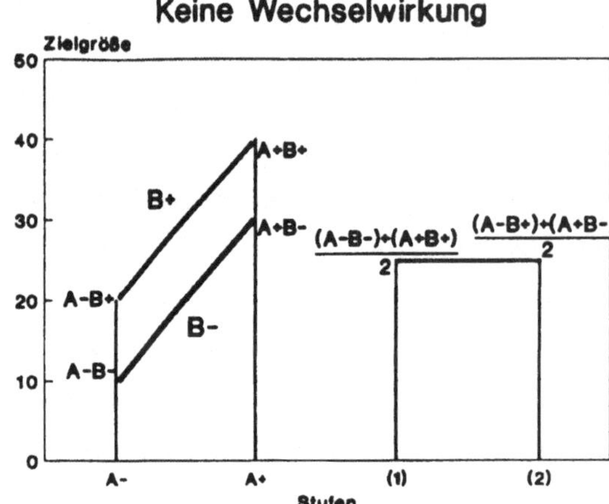

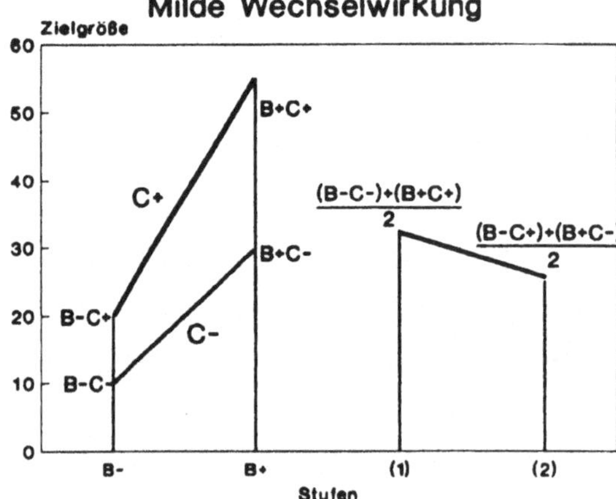

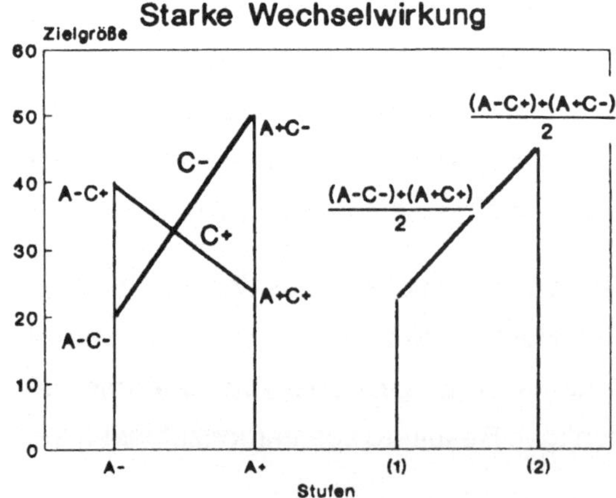

Bild 9.6
Voll-faktorieller Versuch, Wechselwirkungen

3 Einflußgrößen / 2 Stufen

Auswertematrix
Haupt- und Wechselwirkungen

		A	B	C	A&B	A&C	B&C	A&B&C	Resultat
Versuchs Nr.	1	-	-	-	+	+	+	-	Y_1
	2	-	-	+	+	-	-	+	Y_2
	3	-	+	-	-	+	-	+	Y_3
	4	-	+	+	-	-	+	-	Y_4
	5	+	-	-	-	-	+	+	Y_5
	6	+	-	+	-	+	-	-	Y_6
	7	+	+	-	+	-	-	-	Y_7
	8	+	+	+	+	+	+	+	Y_8
Summe									

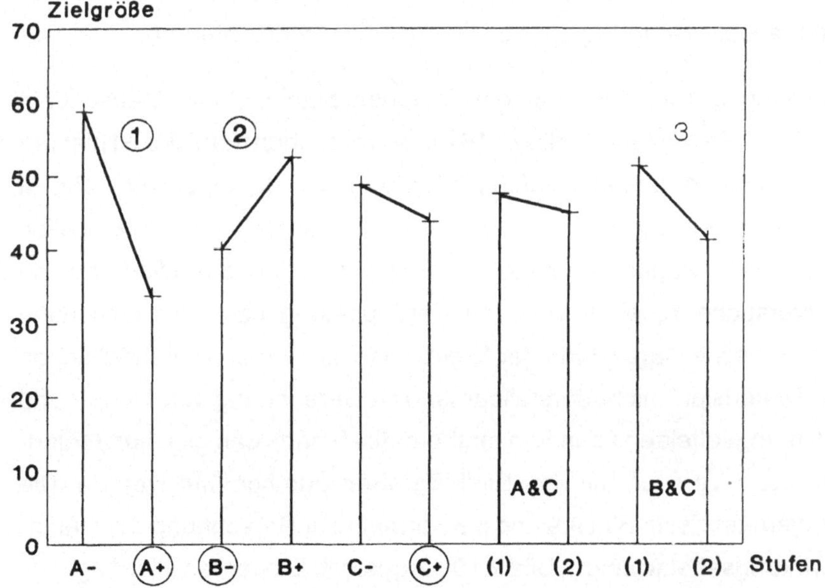

Bild 9.7
Voll-faktorieller Versuch, Matrix und Grafiken

Hauptwirkungen der einzelnen Einflußgrößen und alle Wechselwirkungen zu berechnen. Da jeweils 4 Werte pro Spalte zusammengefaßt werden, ist zur Berechnung des Durchschnitts die Summe durch 4 zu teilen.

Die Darstellung der Stufen mit Vorzeichen ist auf zwei (nämlich + und -) beschränkt. Sind drei Stufen für die Versuche notwendig gewesen, so sieht die Auswertematrix anders aus, und es sind die Durchschnitte der verschiedenen Stufen entsprechend zu berücksichtigen. Diese Stufen werden dann mit (1), (2) und (3) bezeichnet. Haupt- und Wechselwirkungen sind auf drei Stufen aufgeteilt und sinngemäß zu behandeln.

Um die Effekte der Haupt- und Wechselwirkungen prozentual miteinander zu vergleichen und einander gegenüberzustellen, kann man die *Varianzanalyse* anwenden. Diese soll hier nicht im Detail vorgestellt werden. Aus zwei Gründen:

1. gibt es genügend, mehr mathematisch orientierte Bücher, die diese Berechnung im Detail erklären (Z.B./2/), und
2. es sind Software-Programme auf dem Markt, die diese Analyse automatisch nach Eingabe der Versuchswerte durchführen.

Die Darstellung in Bild 9.8 zeigt den Versuchsplan und die Matrix für 4 Einflußgrößen auf zwei Stufen, die zu 16 Einzelversuchen führt. Sie ist hier der Vollständigkeit halber gezeigt. Durch die hohe Anzahl der Einzelversuche ist dies normalerweise die in der Praxis gesetzte Grenze für den voll-faktoriellen Versuch. Vor allen Dingen, wenn man berücksichtigt, daß jede Wiederholung der Einzelversuche zu einer weiteren Verdoppelung bzw. Vervielfachung führt. Eine grafische Darstellung der Ergebnisse ist hierbei nicht möglich, da die "vierte Dimension" nicht darstellbar ist. Die Berechnung von Haupt- und Wechselwirkungseffekten kann rein mathematisch nach den gleichen Grundregeln wie beim Versuch mit drei Einflußgrößen durchgeführt werden. Die Auswertungsmatrix ist in Bild 9.9 und die Formeln zur Berechnung der Haupt-Wechselwirkungseffekte sind in Bild 9.10 dargestellt. Es werden allerdings nur die Formeln für Wechselwirkungseffekte zwischen zwei Einflußgrößen genannt, da die Wechselwirkungen höherer Ordnung zwischen drei und mehr

4 Einflußgrößen / 2 Stufen

Versuchsplan

		Einflußgrößen				
		A	B	C	D	Resultate
	1	-	-	-	-	Y_1
V	2	-	-	-	+	Y_2
	3	-	+	-	-	Y_3
e	4	-	+	-	+	Y_4
	5	-	-	+	-	Y_5
r	6	-	-	+	+	Y_6
s	7	-	+	+	-	Y_7
	8	-	+	+	+	Y_8
u	9	+	-	-	-	Y_9
c	10	+	-	-	+	Y_{10}
	11	+	+	-	-	Y_{11}
h	12	+	+	-	+	Y_{12}
s	13	+	-	+	-	Y_{13}
	14	+	-	+	+	Y_{14}
N	15	+	+	+	-	Y_{15}
r	16	+	+	+	+	Y_{16}

		A-		A+	
		C-	C+	C-	C+
B-	D-	----	--+-	+---	+-+-
	D+	---+	--++	+--+	+-++
B+	D-	-+--	-++-	++--	+++-
	D+	-+-+	-+++	++-+	++++

Bild 9.8
Voll-faktorieller Versuch

	1	2	3	4	5	6	7	8	9	10	11	12	13	14	15	
Nr	A	B	C	D	AB	AC	AD	BC	BD	CD	ABC	ACD	ABD	BCD	ABCD	Erg.
1	-	-	-	-	+	+	+	+	+	+	-	-	-	-	+	Y_1
2	-	-	-	+	+	+	-	+	-	-	-	+	+	+	-	Y_2
3	-	+	-	-	-	+	+	-	-	+	+	-	+	+	-	Y_3
4	-	+	-	+	-	+	-	-	+	-	+	+	-	-	+	Y_4
5	-	-	+	-	+	-	+	-	+	-	+	+	-	+	-	Y_5
6	-	-	+	+	+	-	-	-	-	+	+	-	+	-	+	Y_6
7	-	+	+	-	-	-	+	+	-	-	-	+	+	-	+	Y_7
8	-	+	+	+	-	-	-	+	+	+	-	-	-	+	-	Y_8
9	+	-	-	-	-	-	-	+	+	+	+	+	+	-	-	Y_9
10	+	-	-	+	-	-	+	+	-	-	+	-	-	+	+	Y_{10}
11	+	+	-	-	+	-	-	-	-	+	-	-	-	+	+	Y_{11}
12	+	+	-	+	+	-	+	-	+	-	-	+	+	-	-	Y_{12}
13	+	-	+	-	-	+	-	-	+	-	-	+	+	+	+	Y_{13}
14	+	-	+	+	-	+	+	-	-	+	-	-	-	-	-	Y_{14}
15	+	+	+	-	+	+	-	+	-	-	+	-	-	-	-	Y_{15}
16	+	+	+	+	+	+	+	+	+	+	+	+	+	+	+	Y_{16}

Bild 9.9
Auswertungsmatrix für 4 Einfl.-Größen und 2 Stufen

HAUPTEFFEKTE

$$A = \frac{\sum Y_{A+} - \sum Y_{A-}}{8}$$

$$B = \frac{\sum Y_{B+} - \sum Y_{B-}}{8}$$

$$C = \frac{\sum Y_{C+} - \sum Y_{C-}}{8}$$

$$D = \frac{\sum Y_{D+} - \sum Y_{D-}}{8}$$

Beispiel

$$\sum Y_{D+} = Y_2 + Y_4 + Y_6 + Y_8 + Y_{10} + Y_{12} + Y_{14} + Y_{16}$$

WECHSELWIRKUNGSEFFEKTE

$$AB = \frac{\sum Y_{AB+} - \sum Y_{AB-}}{8}$$

$$AC = \frac{\sum Y_{AC+} - \sum Y_{AC-}}{8}$$

$$AD = \frac{\sum Y_{AD+} - \sum Y_{AD-}}{8}$$

$$BC = \frac{\sum Y_{BC+} - \sum Y_{BC-}}{8}$$

$$BD = \frac{\sum Y_{BD+} - \sum Y_{BD-}}{8}$$

$$CD = \frac{\sum Y_{CD+} - \sum Y_{CD-}}{8}$$

Bild 9.10
Formeln für Haupt- und Wechselwirkungseffekte

Einflußgrößen in der Praxis meist vernachlässigt werden können. Der zeitliche Aufwand für die Berechnung kann durch einfache Computerprogramme drastisch reduziert werden.

9.3 Faktorieller Versuch (Taguchis Methode)

Wie ich eingangs bereits erwähnte, war die zwangsläufige Verdoppelung der Versuche durch jeden hinzukommenden Faktor ein großes Hindernis zur Akzeptanz der Statistischen Versuchsmethodik in Form des voll-faktoriellen Versuches. Dabei waren die faktoriellen Versuche schon sehr früh von statistischen Mathematikern entwickelt, aber zu mathematisch behandelt und deshalb von Ingenieuren und Technikern größtenteils nicht verstanden worden. Als Taguchi nach dem zweiten Weltkrieg daran ging, das japanische Telefonnetz zu optimieren, wandte er die Methoden der Statistischen Versuchsmethodik an, beschränkte sich aber von Anfang an auf die faktoriellen Versuche. Die Anzahl der Versuche läßt sich dabei nach folgender Formel berechnen:

$$\textbf{Anzahl der Versuche} = n^{(k-l)}$$

Dabei bedeutet:

n = Anzahl der Stufen
k = Anzahl der Einflußgrößen
l = Anzahl der Wechselwirkungen, die durch Einflußgrößen ersetzt werden können.

Die daraus entstehende Versuchsmatrix (siehe Bild 9.11) als Beispiel für sieben Einflußgrößen wird auch als orthogonal (gleichmäßig ausgewogen) bezeichnet. Wenn man sie mit der Auswertungsmatrix für 3 Einflußgrößen auf Bild 9.7 (oben) vergleicht, stellt man eine große Ähnlichkeit fest. An Stelle der Spalten für die Ermittlung der Wechselwirkungen sind neue Einflußgrößen getreten. (Zur besseren Verdeutlichung wurden unter den Spalten der orthogonalen Matrix noch die Angaben der Auswertungsmatrix aus Bild 9.7

(3) **7 Einflußgrößen / 2 Stufen**

Einflußgrößen

	A*	B*	C*	D*	E*	F*	G*
	(A)	(B)	A&B	(C)	A&C	B&C	A&B&C
Versuchs Nr. 1	1	1	1	1	1	1	1
2	1	1	1	2	2	2	2
3	1	2	2	1	1	2	2
4	1	2	2	2	2	1	1
5	2	1	2	1	2	1	2
6	2	1	2	2	1	2	1
7	2	2	1	1	2	2	1
8	2	2	1	2	1	1	2

(2) 3 Einflußgrößen / 2 Stufen

Einflußgrößen

	A*	B*	C*
	A	B	AxB
Versuch 1	1	1	1
2	2	1	2
3	1	2	2
4	2	2	1
	B*&C*	A*&C*	A*&B*

Bild 9.11
*(Voll-)*Faktorieller Versuch

(oben) wiederholt.) Damit ist auch gleichzeitig die verringerte Anzahl der Versuche erklärt.

Bei einem voll-faktoriellen Versuch mit 3 Einflußgrößen erhält man folgende Ergebnisse:

3 Spalten mit Hauptwirkungen,
3 Spalten mit Wechselwirkungen zwischen zwei Einflußgrößen und
1 Spalte mit der Wechselwirkung zwischen drei Einflußgrößen.
Es können somit 4 Spalten mit zusätzlichen Einflußgrößen belegt werden.
(k = 7; l = 4; n = 2; Anzahl der Versuche = 2^{7-4} = 8)

Noch gravierender ist das Verhältnis zwischen Haupt- und Wechselwirkungen für 4 Einflußgrößen. Folgende Ergebnisse können berechnet werden:

4 Spalten mit Hauptwirkungen,
6 Spalten mit Wechselwirkungen zwischen zwei Einflußgrößen,
4 Spalten mit Wechselwirkungen zwischen drei Einflußgrößen und
1 Spalte mit der Wechselwirkung zwischen vier Einflußgrößen.

In diesem Fall sind es sogar 11 Spalten, die zusätzlich mit Einflußgrößen belegt werden können.

(k = 15; l = 11; n = 2; Anzahl der Versuche = 2^{15-11} = 16)

Je mehr Einflußgrößen berücksichtigt werden sollen, desto größer ist die prozentuale Einsparung in Bezug auf den Versuchsaufwand, aber auch auf die Vermengung zwischen Haupt- und Wechselwirkungseffekten. Der Grund ist der Ersatz der Wechselwirkungen durch neue Einflußgrößen. Wenn man eine solche orthogonale Versuchsmatrix voll mit Einflußgrößen besetzt, können keine Wechselwirkungen ermittelt werden. Dies ist im Moment besonders überraschend, da man doch die Statistische Versuchsmethodik und den voll-faktoriellen Versuch nur deshalb propagiert hat, weil es mit ihr möglich ist, Wechselwirkungen überhaupt erst zu erkennen und ihre Auswirkungen zu berechnen.

Damit haben wir den wichtigsten Kritikpunkt der Statistiker an der orthogonalen Matrix (oder den orthogonalen Feldern) offen gelegt. Aber Taguchi geht von einem anderen Ansatz aus. Er empfiehlt, alle zu *erwartenden* Wechselwirkungen vorher festzulegen und mit einzubauen. Wenn im Team die Einflußgrößen besprochen und festgelegt werden, gilt dies genauso für zu erwartende oder zu vermutende Wechselwirkungen. Jede so geplante Wechselwirkung tritt dann an die Stelle eines Faktors (Einflußgröße), d.h., in der in Bild 9.11 oben dargestellten Versuchsmatrix werden die sieben Einflußgrößen um eine (bzw. mehrere) gekürzt und die vermutete(n) Wechselwirkung(en) mit aufgenommen. Wird beispielsweise ein Wechselwirkungseffekt zwischen A und C vermutet, so kann die Einflußgröße E* nicht berücksichtigt werden.

Aber damit ist den Statistikern noch nicht der Wind aus den Segeln genommen. Der nächste Kritikpunkt betrifft die Vermengungen von Haupt- und Wechselwirkungen. Dies läßt sich am einfachsten an einer voll-faktoriellen Auswertungsmatrix für zwei Einflußgrößen erklären (siehe Bild 9.11 unten). Ersetzt man A durch A*, B durch B* und in der dritten Spalte, in der die Wechselwirkung zwischen A und B zu finden ist, diese durch eine dritte Einflußgröße C*, dann verschwindet damit die Möglichkeit der Berechnung der Wechselwirkung zwischen A* und B*. Weiterhin tritt in der ersten Spalte neben der Hauptwirkung von A* zusätzlich die Wechselwirkung zwischen B* und C* in Erscheinung. In der zweiten Spalte hat man eine Vermischung der Hauptwirkung B* mit der Wechselwirkung zwischen A* und C*. Man bezeichnet dies als Vermengung (Confounding) von Haupt- und Wechselwirkungseffekten. Neben der Nichterfassung aller Wechselwirkungen ist die Vermengung ein Nachteil der faktoriellen Versuchsanordnung.

In Bild 9.13 wird versucht, die orthogonale Matrix entsprechend der früher benutzten Form für drei Einflußgrößen grafisch darzustellen. Man sieht, daß nur vier der acht Ecken des Würfels mit Ergebnissen besetzt sind. Zur Berechnung des Haupteffektes von A wird der Mittelwert aus dem 2. und 4. Versuchsergebnis dem Mittelwert aus dem 1. und 3. gegenübergestellt und die Differenz als Hauptwirkung von A berechnet. Bei der Hauptwirkung von B ist es die Differenz von 3 und 4 zu 1 und 2, und C wird aus der Differenz von 2 und

(2) **3 Einflußgrößen / 2 Stufen**

Einflußgrößen

Versuch	A*	B*	C*
	A	B	AxB
1	1	1	1
2	2	1	2
3	1	2	2
4	2	2	1
	B*&C*	A*&C*	A*&B*

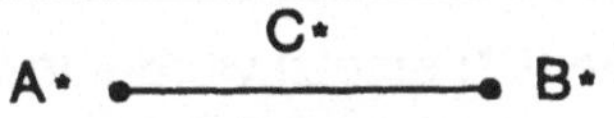

C*

A* ●——————● B*

Linearer Graph

Bild 9.12
(Voll-)Faktorieller Versuch

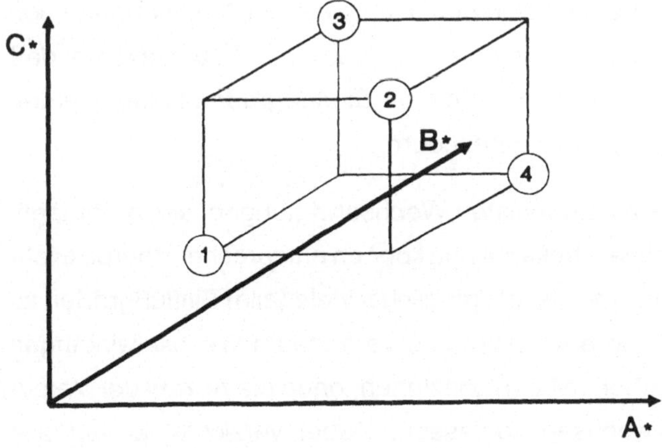

Bild 9.13
Faktorieller Versuch

3 zu 1 und 4 berechnet. Es werden somit stets alle 4 Werte benutzt, bzw. die Mittelwerte aus jeweils zwei Ergebnissen, um die Hauptwirkungen jeder Einflußgröße zu bestimmen. Eine Berechnung von Wechselwirkungen ist nicht möglich, da dafür die notwendigen Angaben der anderen Kombinationen nicht zur Verfügung stehen. Es werden bei dieser bildlichen Darstellung die Bezeichnungen von A, B, und C benutzt, da die Bezeichnung A*, B* und C* nur dann eingesetzt wird, wenn die voll-faktorielle Matrix und orthogonale Matrix einander direkt gegenübergestellt werden.

Um die Problematik der orthogonalen Matrix deutlich zu machen, hat Taguchi die sogenannten linearen Graphen eingeführt. Der zur orthogonalen Matrix von drei Einflußgrößen gehörende lineare Graph ist in Bild 9.12 mit angegeben. Die Endpunkte geben die jeweiligen Hauptwirkungen A* und B* an, die Verbindungslinie dazwischen entspricht der Wechselwirkung, die in diesem Falle durch eine dritte Einflußgröße (C*) ersetzt wurde. In vielen Veröffentlichungen sind nicht nur die orthogonalen Matrizen, für die unterschiedliche Anzahl von Einflußgrößen (und potentielle Wechselwirkungen) genannt, sondern auch die verschiedensten linearen Graphen aufgeführt, die die Planung der Versuche erleichtern sollen. Zusätzlich sind Wechselwirkungstabellen angegeben, die genauere Auskünfte über Wechselwirkungen und Vermengungen geben. Man erkennt daran, welche Wechselwirkungen mit neuen Einflußgrößen besetzt werden, bzw. welche Hauptwirkungen mit welchen Wechselwirkungen vermengt sind. Andere Veröffentlichungen machen darauf aufmerksam, daß ganz bestimmte Spalten bevorzugt mit neuen Einflußgrößen belegt werden sollten, um die Vermengungen zu vermindern.

Nach Taguchis Ansicht sind die meisten Wechselwirkungen, die in der täglichen Praxis eine Rolle spielen, bekannt und können entsprechend berücksichtigt werden. Sein Hauptanliegen ist es, möglichst viele (alle) Einflußgrößen zu berücksichtigen und nur die erwarteten und vermuteten Wechselwirkungen zwischen zwei Einflußgrößen mit einzubeziehen, ohne die Anzahl der Versuche ins Unermeßliche wachsen zu lassen. Dabei verzichtet er auf alle Wechselwirkungen höherer Ordnung zwischen drei und mehr Einflußgrößen. Gerade die sind es nämlich, die die Anzahl der Versuche beim voll-faktoriellen

Versuch in die Höhe treiben und somit in der Praxis undurchführbar machen. Die Erfolge, die mit dieser Vorgehensweise nach Taguchi weltweit erreicht wurden, geben ihm recht. Es ist sicher falsch, nicht auf die Schwächen hinzuweisen. Aber es ist genau so falsch, auf Grund der Einschränkungen seine Empfehlungen zu verteufeln. Ein richtig geplanter Versuch und ein zusätzlicher Bestätigungsversuch helfen, diese Schwächen weitgehend zu über-winden. Für einen Praktiker ist oft eine 90%ige Lösung akzeptabel, wenn die letzten 10% eine Verdoppelung des Aufwandes bedeuten würden. Er ist daran gewöhnt, mit einem gewissen Risiko zu leben, wobei man froh wäre, das Risiko immer auf einen so geringen Prozentsatz beschränken zu können. Aufwand und Ertrag müssen ins Verhältnis gebracht werden, damit beschäftigt man sich jeden Tag in der Praxis. Das einzige Problem ist häufig nur, Aufwand und Ertrag in berechenbare Maßstäbe umzuwandeln, um die Finanzleute im Unternehmen zufrieden zu stellen.

9.3.1 Bestätigungsversuch

Auf Grund der genannten Schwierigkeiten muß *jeder* faktorielle Versuch mit einem Bestätigungsversuch abgeschlossen werden. Hierbei werden alle Einflußgrößen auf der optimalen Stufe eingestellt. Da nur ein Teil der möglichen Kombinationen im Versuch betrachtet wurde, kann dies zu einer völlig neuen Kombination führen. Auf Grund der bekannten Versuchsergebnisse ist es allerdings möglich, das zu erwartende beste Resultat vorauszubestimmen. Wenn sich dies bei dem Bestätigungsversuch nicht einstellt, kann es sich um eine nicht erkannte Wechselwirkung handeln, oder Vermengungen zwischen Haupt- und Wechselwirkungseffekten sind der Grund (Scheineffekte).

Häufig bietet sich aber eine ganz andere Lösung an. Es wird ein voll-faktorieller Versuch als Bestätigungsversuch durchgeführt, da man beim faktoriellen Versuch einen großen Teil der vorher vermuteten Einflußgrößen als unwichtig erkannt hat. So sind vielleicht nur drei bis vier Einflußgrößen geblieben, die man in allen Kombinationen untersuchen kann. Eventuell ist sogar eine

Ausdehnung auf drei Stufen möglich, um Nichtlinearitäten erkennen und robuste Bereiche auffinden zu können. Es ist auch möglich, die vorher nicht erfaßten Randgebiete mit einzubeziehen, um weitere Verbesserungen zu entdecken. Diese Art der Bestätigung durch einen voll-faktoriellen Versuch mit den wenigen, als wichtig erkannten Einflußgrößen ist in jedem Falle zu empfehlen und hat in der Praxis zu vorher nicht erkannten Verbesserungen geführt.

9.3.2 Signal-Geräusch-Abstands Analyse

Taguchi wendet die Geräusch-Abstands Analyse an, um zwei Fliegen mit einer Klappe zu schlagen. Er teilt aus diesem Grunde die Einflußgrößen in verschiedene Gruppen ein. Einflußgrößen, die eingestellt werden können, bezeichnet er als *Steuergrößen*. Andere, die registriert aber nicht gezielt eingestellt werden können, nennt er *Störgrößen*. Da sie sich einer gewollten Festlegung entziehen, versucht man, ihren Einfluß auf ein Minimum zu reduzieren. Es gibt weiterhin in Taguchis Terminologie die sogenannten *Signalgrößen*, die keinen linearen Verlauf der Zielgröße zur Folge haben. Diese werden stets zur Reduzierung der Streuung der Zielgröße benutzt, d.h. zur Verbesserung der "Robustheit".

Bei der Signal-Geräusch-Abstands Analyse werden die ersten beiden Einflußgrößen-Gruppen betrachtet. Die Steuergrößen sollen das Ergebnis optimieren und die Störgrößen in ihrem Einfluß minimiert werden. Dabei sind die Störgrößen für die Abweichung, das "Geräusch" (auch mit "Rauschen" bezeichnet) verantwortlich. Es gilt, den Zielwert zum einen auf den Nominalwert einzustellen und zum anderen die Streuung möglichst gering zu halten. Diese beiden Ziele werden in der Signal-Geräusch-Abstands Analyse vereinigt. Eine große Differenz zwischen Signal (= das angestrebte Ziel, dargestellt als Durchschnitts- oder Mittelwert) und Geräusch (= die Auswirkung der Störgröße, erkennbar an der Varianz oder Standardabweichung) gibt das beste Ergebnis.

$$\frac{S}{N} = \frac{\text{Signal}}{\text{Geräusch}} = \frac{\text{Mittelwert}}{\text{Varianz}}$$

Die Signal-Geräusch-Abstands Analyse kann somit für alle Zusammenfassungen von Versuchsergebnissen benutzt werden, die für die Auswertung von Interesse sind. Das Ergebnis S/N wird dann wie eine Zielgröße betrachtet und zur Auswertung herangezogen anstatt oder in Ergänzung des Mittelwertes der Einzelresultate.

Zur Verbesserung des S/N Verhältnisses kann man zwei Wege beschreiten. Einmal kann man das Signal (Mittelwert) vergrößern. Dies wird in der westlichen Welt im Gegensatz zu Japan angewendet, obwohl es teilweise mit großem Aufwand verbunden ist. Der zweite Weg, Verbesserungen zu erreichen, besteht in der Reduzierung des Geräusches, was ebenfalls zu besseren S/N-Ergebnissen führt, aber häufig mit geringerem Aufwand erreicht werden kann. Letzteres wird in Japan mit Erfolg praktiziert und kam bereits in Kapitel 5 zum Ausdruck, als über "robuste" Produkte und Prozesse gesprochen wurde. Dieses Ziels sollte bereits in der Planungsphase angestrebt werden.

Es ist aber nicht immer das Ziel, einen Nominalwert zu erreichen. Oft gilt es, ein Maximum (z.B. größte Festigkeit) oder ein Minimum (z.B. minimalen Verbrauch) anzustreben. Dazu stehen die verschiedensten Formeln zur Verfügung, wie sie in Bild 9.14 aufgezeigt sind.

Die Formeln sind hier nur genannt und sollen nicht weiter erklärt werden, da es genügend mathematisch beschreibende Veröffentlichungen darüber gibt.

Minimum angestrebt $\frac{S}{N} = -10\log \sum \frac{1/y_i^2}{n}$

Maximum angestrebt $\frac{S}{N} = -10\log \frac{\sum y_i^2}{n}$

Nominal angestrebt $\frac{S}{N} = 10\log \frac{y_M^2}{s^2}$

Darin bedeutet:
y_i = Resultat des i-ten Versuches
y_M = Mittelwert der zusammengefaßten Resultate
n = Anzahl der zusammengefaßten Resultate
s = Standardabweichung der zusammengefaßten Resultate
s^2 = Varianz der zusammengefaßten Resultate

Bild 9.14
Signal-Geräusch-Abstands-Analyse, Formeln

9.3.3 Innere und äußere Felder oder Matrizen

Um die Versuchsplanung übersichtlicher zu gestalten, werden bei Taguchi "innere" und "äußere" Matrizen verwendet (siehe Bild 9.15). Sie sind in Form einer Beziehungsmatrix aufgebaut und erleichtern sowohl die Dokumentation der Versuchsplanung als auch die Auswertung der Versuchsergebnisse. Die innere Matrix besteht aus den Steuer- und Signalgrößen, während die äußere Matrix mit den Störgrößen besetzt ist. Dies gilt sowohl für den voll-faktoriellen (Bild 9.15 oben) als auch für den faktoriellen Versuch (Bild 9.15 unten). Unterschiede in der Abhängigkeit der verschiedenen Störgrößen-Kombinationen werden erfaßt und können mit der Signal-Rausch-Abstands Analyse untersucht werden.

Haupt- und Wechselwirkungen, dargestellt in Form des S/N Ratio, ergeben ein Optimum der Einstellungen. Dies gilt sowohl für die optimale Einstellung des angestrebten Zielwertes als auch in Bezug auf die geringste Empfindlichkeit gegen Störeinflüsse. Das Ergebnis ist geringe Variation der Zielgröße und damit größte Robustheit. In Bild 9.16 ist eine solche Matrix für die Planung (oben) und für die Auswertung (unten) eines faktoriellen Versuchs dargestellt. Mit e_1 und e_2 werden nicht besetzte Spalten bezeichnet. Im Kapitel 11 bei den Beispielen wird auf diese Art der Matrix noch einmal eingegangen.

Zusammenfassung

Taguchis Methoden und Ansätze werden trotz gewisser Nachteile ihren Platz in der praktischen Versuchsmethodik behaupten. Sicher können sie nicht als einfache "Kochrezepte" angesehen und benutzt werden. Bei der Benutzung der orthogonalen Versuchsmatrix wird ganz besonders deutlich, wie wichtig eine intensive Planung der Versuche ist. Nur sorgfältige Planung kann den Aufwand bei der Versuchsdurchführung (gemessen an der Anzahl der Versuche) reduzieren. Betrachtet man einmal den zusätzlichen Kostenaufwand, der erforderlich ist, um die letzten Prozente einer "100%igen Lösung" zu erreichen, so muß man sich meist mit einer 90%igen Lösung (oder weniger?) zufrieden geben. Allerdings sollte das Risiko beim Einsatz jeder Methode bekannt sein, denn nur ein bekanntes, minimiertes Risiko kann am Ende zum Erfolg führen.

6 Einfl.-Größen			X	1	1	1	1	2	2	2	2
2 Stufen			Y	1	1	2	2	1	1	2	2
64 Resultate			Z	1	2	1	2	1	2	1	2
Versuchs Nr	A	B	C	a	b	c	d	e	f	g	h
1	1	1	1	(1a)							
2	1	1	2								
3	1	2	1								
4	1	2	2								
5	2	1	1								
6	2	1	2								
7	2	2	1								
8	2	2	2								(8h)

10 Einflußgrößen							X	1	1	2	2
2 Stufen							Y	1	2	1	2
32 Resultate							Z	1	2	2	1
Versuchs Nr	A	B	C	D	E	F	G	a	b	c	d
1	1	1	1	1	1	1	1	(1a)			
2	1	1	1	2	2	2	2				
3	1	2	2	1	1	2	2				
4	1	2	2	2	2	1	1				
5	2	1	2	1	2	1	2				
6	2	1	2	2	1	2	1				
7	2	2	1	1	2	2	1				
8	2	2	1	2	1	1	2				(8d)

Bild 9.15
Innere und äußere Matrix

1 Steuergröße/4 Stufen 2 Steuergrößen/2 Stufen
2 Störgrößen/2 Stufen 32 Versuche

			X	1	1	2	2
			Y	1	2	1	2
	A	B	C	a	b	c	d
Versuchs Nr 1	1	1	1	(1a)			
2	1	2	2				
3	2	1	2				
4	2	2	1				
5	3	1	1				
6	3	2	2				
7	4	1	2				
8	4	2	1				(8d)

1 Steuergröße/4 Stufen 2 Steuergrößen/2 Stufen
2 Störgrößen/2 Stufen 2 Dummies 32 Resultate

						X	1	1	2	2
						Y	1	2	1	2
	A	B	e_1	C	e_2	Nr	a	b	c	d
Versuchs Nr 1	1	1	1	1	1	1	(1a)			
2	1	2	2	2	2	2				
3	2	1	1	2	2	3				
4	2	2	2	1	1	4				
5	3	1	2	1	2	5				
6	3	2	1	2	1	6				
7	4	1	2	2	1	7				
8	4	2	1	1	2	8				(8d)

Bild 9.16
Voll-faktorieller VersuchPlanungs- und Auswertungsmatrix

9.4 Shainins Methoden

9.4.1 Prinzip

Wenn man Shainins Methoden einmal allgemein betrachtet, dann hat man das Gefühl, daß sie von einem Ingenieur mit gesundem Menschenverstand geplant worden sind, der aber auch die Gesetzmäßigkeiten der Statistik nicht außer acht gelassen hat. Statistik heißt dabei nicht nur Mittelwertbildung und Abschätzung der Streuung (Varianz bzw. Standardabweichung), sondern auch zufallsbedingte Reihenfolge und Wiederholungen zur Absicherung der Ergebnisse. Weiterhin sind die Anwendung der Nullhypothese und das mit der Annahme einer falschen oder Rückweisung einer richtigen Lösung verbundene Risiko Teil seiner Versuchsmethoden. Alle Voraussetzungen für eine statistische Beurteilung der Versuchsergebnisse werden somit erfüllt, die eingangs im Rahmen der Planung genannt wurden.

Die Erfahrung hat gezeigt, daß gerade diese Mischung aus ingenieurmäßigem und statistischem Denken den Praktiker besonders anspricht, und damit werden die Shainin-Methoden einem großen Anwenderkreis zugänglich gemacht. Es ist keine lange Schulung notwendig, und unabhängig von seiner Vorbildung ist jeder in der Lage, diese Methoden zu verstehen und anzuwenden. Wird eine Methode benutzt, deren Theorie man nicht oder nur teilweise versteht, so sind oft falsche Ergebnisse die Folge.

9.4.2 Auswahl der geeigneten Versuchsmethode

Wenn es um die Auswahl der geeigneten Versuchsmethode nach Shainin geht, muß man etwas mehr über die Unterschiede zwischen diesen Methoden wissen. Die Darstellung in meinem Buch unterscheidet sich von der Keki R. Bhotes in dem Buch “Qualität — Der Weg zur Weltspitze” /3/. Nach meiner Meinung steht im Zentrum der Werkzeuge von Shainin der voll-faktorielle

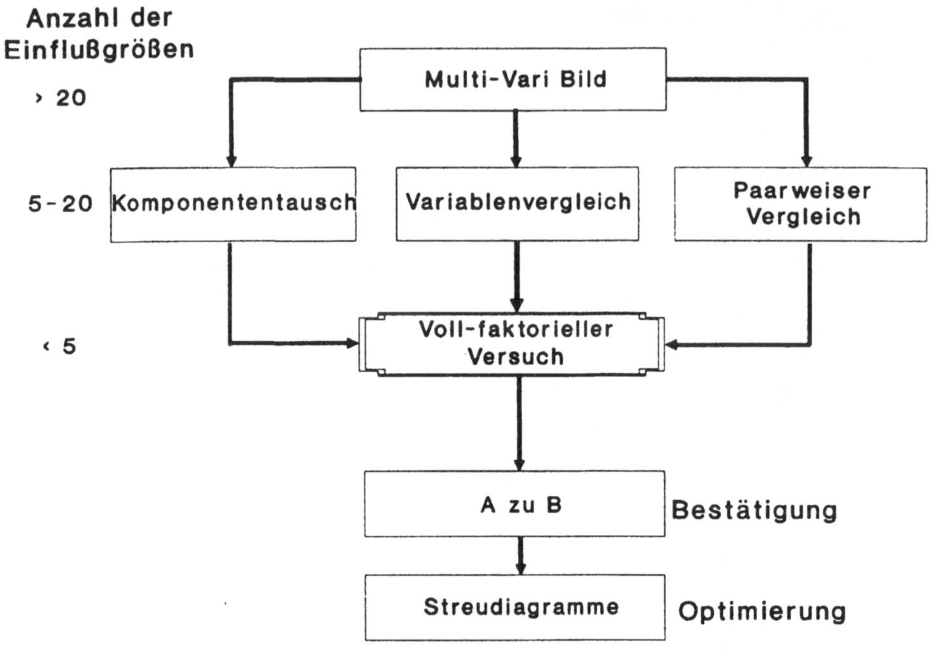

Bild 9.17
Shaninis Methoden, Weg, die Einflußgrößen zu reduzieren

Versuch (siehe Bild 9.17). Alle anderen Methoden dienen mehr oder weniger nur der Reduzierung von Einflußgrößen. Shainin empfiehlt den Einsatz des voll-faktoriellen Versuchs bei höchstens 4 Einflußgrößen, was die Anzahl der Versuche auf 16 beschränkt, abgesehen von den Wiederholungen. Wenn also nur vier Einflußgrößen vorhanden sind, wird man stets den voll-faktoriellen Versuch anwenden, um alle Haupt- und Wechselwirkungen quantitativ bestimmen zu können. Alle weiteren Versuchsmethoden Shainins dienen der Reduzierung von Einflußgrößen, um — ähnlich wie bei Pareto — zwischen den wenigen wichtigen und vielen unwichtigen Einflußgrößen unterscheiden zu können.

Zur Auswahl der geeigneten Methode von Shainins Werkzeugen ist einmal die Anzahl der Einflußgrößen wichtig. Des weiteren sind die Beschaffenheit des zu untersuchenden Produkts oder Prozesses (im folgenden zusammenfassend als “Einheit” bezeichnet) und der Zeitpunkt im Rahmen der Produktentwicklung zu berücksichtigen.

Wie die Einheit beschaffen ist, ergibt sich aus der Beantwortung der Frage, ob sie sich zerlegen und wieder zusammenbauen läßt oder nicht (demontierbar). Ist eine Einheit nur durch Zerstörung in ihre Einzelteile zu zerlegen, so ist eine andere Versuchsmethode anzuwenden als bei demontierbaren Einheiten. Zerstörung der Einheit heißt, daß ein Zusammenbau nach dem Versuch und weitere Verwendung nicht mehr möglich ist. Wenn nur einzelne Teile für eine weitere Verwendung nicht mehr geeignet sind, sollte man immer überlegen, ob die Einheit nicht durch Ersatz dieser Teile wieder gebrauchsfähig gemacht werden kann. Wenn auf die unterschiedlichen Methoden eingegangen wird, ist dieser Hinweis besser zu verstehen, da sich so der Versuchsaufwand verringern und die Aussagekraft des Ergebnisses verbessern lassen.

Weiterhin spielt der Zeitpunkt, bezogen auf den Lebenszyklus des Produkts, eine entscheidende Rolle. Wird die Untersuchung im Rahmen der Entwicklung durchgeführt, und die Herstellung einer zu untersuchenden Einheit (z.B. Prototyp) ist sehr kostenintensiv, so hat das auf die Auswahl der richtigen Versuchsmethode einen wichtigen Einfluß. Dies steht in einem deutlichen Gegensatz zur Problemlösung in der laufenden Produktion, wo viele Einheiten zur Untersuchung verfügbar sind.

Der Sinn dieser Einleitung ist, deutlich zu machen, daß es für die verschiedenen Einsatzfälle unterschiedliche Werkzeuge gibt, so daß man zur richtigen Auswahl erst einmal alle Werkzeuge kennen muß.

In Bezug auf die Anzahl der Einflußgrößen unterscheidet man nach Shainin drei Gruppen von Versuchsmethoden:

(1) Eine große Anzahl von Einflußgrößen (mehr als 20):
Die Multi-Vari-Bild Methode.

(2) Eine mittlere Anzahl von Einflußgrößen (5 bis 20):

Demontierbar, laufende Produktion:	Der Komponententausch.
Demontierbar, Entwicklungsphase:	Der Variablenvergleich.
Nicht demontierbar:	Der Paarweise Vergleich.

(3) Den voll-faktoriellen Versuch mit maximal 4 Einflußgrößen auf 2 Wertstufen.

Hier kann man deutlich erkennen, daß es mehrere Parameter sind, die die Auswahl der richtigen Methode vorschreiben. Diese unterschiedlichen Methoden sollen nun im einzelnen vorgestellt und näher erläutert werden.

9.5 Shainins Techniken

Bevor aber auf die einzelnen Versuchsmethoden eingegangen wird, erscheint es zweckmäßig, erst einmal die zugrundeliegenden Techniken zu besprechen. Man kann dann die Denk- und Vorgehensweise Shainins besser verstehen, und die Auswahl der für den Einzelfall geeigneten Versuchsmethode wird erleichtert.

9.5.1 Wichtung von Einflußgrößen

Um die Unterschiede der Einflußgrößen in ihrer Auswirkung auf die Zielgröße deutlich zum Ausdruck zu bringen, führt Shainin die Bezeichnungen des farbigen "X" ein, die er zur Kennzeichnung der wichtigsten Einflußgrößen benutzt. Abstufungen in der Wichtigkeit sind möglich durch die Angabe des "Roten-X", der "Rosa-X('s)" bzw. der "Blaßrosa-X('s)". Gibt es nur **eine** wichtige Einflußgröße oder eine, die alle anderen Einflußgrößen weit überragt, so wird sie als "*Rotes-X*" bezeichnet. Sind mehrere wichtige Einflußgrößen da, die in ihrem Einfluß auf die Zielgröße nahezu gleichgewichtig sind, so werden sie mit "*Rosa-X*" gekennzeichnet. Gibt es noch weitere, bemerkenswerte Einflußgrößen, so können diese durch die Bezeichnung "*Blaßrosa-X*" von allen anderen unwichtigen Einflußgrößen abgehoben werden. Auf diese Weise wird die Verständlichkeit erleichtert und die Information vereinfacht. Die Suche nach der oder den wichtigsten Einflußgröße(n) wird umschrieben durch die

"Suche nach dem Roten-X".

Eine Bezeichnung, die vor allen Dingen dem Anfänger den Einstieg erleichtern und auch ein wenig an die Spannung eines Kriminalromans erinnern soll.

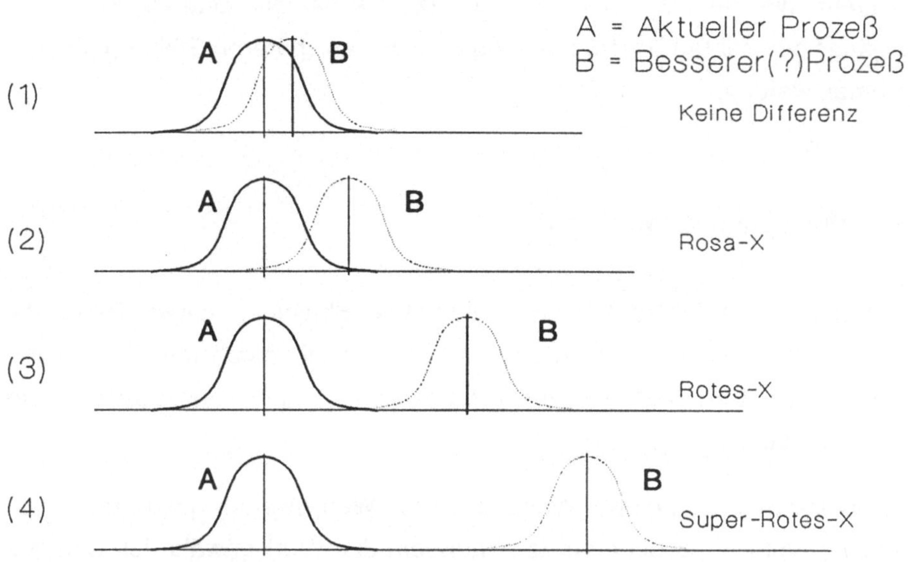

Bild 9.18
Verschiedene Verteilungen von A- und B-Prozessen

In Bild 9.18 sind beispielsweise die Verteilungsformen von Prozeßergebnissen vergleichend dargestellt, um die genannte Kennzeichnung von Einflußgrößen bildlich zu erläutern. Die beiden Prozeßergebnisse sollen dabei nur durch Veränderung einer Einflußgröße entstanden sein. Wenn sich die Verteilungen in ihrem Mittelwert nur wenig voneinander unterscheiden, dann kann es sich bei der dafür verantwortlichen Einflußgröße nur um das "Rosa-X" handeln. Sind die Unterschiede deutlicher und die Abstände zwischen den Mittelwerten größer, spricht man vom "Roten-X" (oder sogar von einem "Super-Roten-X", wenn man den Einfluß noch mehr hervorheben will). Auf diese Art und Weise können Unterschiede zwischen einem "Aktuellen Prozeß" ("Aktuelle Einheit") und einem "Besseren Prozeß" ("Verbesserte Einheit") in ihrer Ausprägung charakterisiert werden.

Sind mehrere Einflußgrößen für diesen Unterschied zwischen den Verteilungen verantwortlich, so bedarf es eines Versuchs, um aus diesen Einflußgrößen die wichtigste(n) herauszufiltern und damit das "Rote-X" oder die "Rosa-X"s zu ermitteln. Welche Versuchsmethode dazu die geeigneteste ist, kann den eingangs gemachten Unterscheidungen bzw. den späteren Erklärungen entnommen werden.

9.5.2 Prinzip des Eliminierens

Zur Reduzierung der Versuchsanzahl wird bei Shainin in einigen Fällen die Methodik des Eliminierens vorgenommen, nämlich durch das Prinzip der Zweierfragen. Eine Methode, die am besten an Hand eines Spiels erklärt werden kann.

Ein Spieler muß aus einem Wörterbuch ein Wort erraten, das durch einen Gegenspieler ausgesucht wurde. Nachdem das Wort gewählt ist, darf der Spieler nur durch Fragen, die mit "ja" oder "nein" zu beantworten sind, das gesuchte Wort ausfindig machen. Er beginnt damit, das Wörterbuch in der Mitte aufzuteilen und mit der Frage, ob das gesuchte Wort davor zu finden ist. Die Antwort "ja" oder "nein" gibt den Teil des Wörterbuches an, der nun weiter aufgeteilt werden muß. Nach schrittweisem Aufteilen des jeweils in Frage kommenden Bereichs im Wörterbuch und der gleichen Fragestellung kann man nach ca. zwölf Fragen die Seite erraten, auf der sich das gesuchte Wort befindet. Weitere fünf Fragen, die die betreffende Seite in verschiedene Bereiche aufteilen, sind dann oft nur noch notwendig, um das gesuchte Wort auf der Seite zu lokalisieren. Man kann also mit ca. siebzehn Fragen ein Wort aus mehreren zig-tausend Wörtern herausfinden. Das verblüffende Ergebnis eines Verfahrens, bei dem durch Eliminieren jeweils ca. 50% des Restes ausgeschieden wird. Wie wir sehen werden, läßt sich dies auch bei der Reduzierung von Versuchen anwenden.

Dieses Prinzip, das mit jedem Test (Versuch) einen (großen) Teil der in Frage kommenden Einflußgrößen eliminieren kann, wird bei den verschiedenen

Werkzeugen Shainins benutzt, um "wichtige" Einflußgrößen von "unwichtigen" zu trennen. Was oben spielerisch erklärt wurde, kann in der Praxis durch Reduzierung der Versuche zu großen Kostenersparnissen führen. Dabei ist es wichtig, von vornherein die Einflußgrößen nach der geschätzten Wichtigkeit zu ordnen, um möglichst direkt auf das Ziel loszusteuern.

9.5.3 Prinzip des Vergleichens

Auffallend ist bei Shainin, wie er immer wieder seine Entscheidung auf Grund von Vergleichen herbeiführt. So sind es "gute" und "schlechte" Einheiten (Produkte oder Prozesse), "aktuelle" und "bessere" Einheiten, die miteinander verglichen werden, um mit Hilfe dieser Unterschiede die wahren, die wichtigen Einflußgrößen (oder Faktoren) zu finden, die diese Differenzen hervorrufen.

Besonders deutlich wird dies z.B. beim "Paarweisen Vergleich", bei dem er paarweise "schlechte" Einheiten mit "guten" vergleicht und **nicht** mit den Spezifikationen. Nur so ist es nach seiner Ansicht möglich, die wahren Gründe für das unterschiedliche Verhalten dieser Einheiten zu finden. Dies deckt sich auch vollkommen mit den Erfahrungen des Verfassers. Damit verschwindet ein häufig zu findendes Argument, daß eine Beanstandung nicht "reklamationswürdig" ist, weil sich das bemängelte Teil "innerhalb der Spezifikation befindet"! Eine Argumentation, die manchen unzufriedenen Verbraucher schon verärgert hat.

Aber auch wenn ein "aktueller" Prozeß einem "besseren" gegenübergestellt wird, ist das Prinzip des Vergleichens deutlich zu erkennen. Das Vorhandensein eines erkennbaren Unterschieds ist somit Basis fast aller Shainin-Methoden. Um zu einer quantifizierbaren Aussage zu kommen, ist es deshalb notwendig, diesen Unterschied zu erfassen und zu bewerten. Dabei werden die Gesetzmäßigkeiten der Statistik angewandt, wie im nächsten Abschnitt beschrieben wird.

9.5.4 Deutliche Differenzierung

Wenn man etwas quantitativ vergleichen möchte, ist die Berechnung der Differenz von großer Bedeutung. Betrachtet man einmal die in Bild 9.19 dargestellten Differenzen zwischen zwei Prozeßergebnissen, so können diese auf verschiedene Weise berechnet werden. Die sicherste Methode wäre die Messung von jeweils 30 bis 50 Teilen, um die Differenz in Mittelwert und Streuung zur Unterscheidung heranzuziehen.

Shainin bestimmt eine deutliche Differenzierung durch die Berechnung der "*signifikanten und wiederholbaren Differenz*" (s. Bild 9.19). Dabei wird zuerst die *durchschnittliche Differenz* (d) zwischen den guten (G1 - G2) und zwischen den schlechten Einheiten (S1 - S2) bestimmt. In der durchschnittlichen Differenz (d) haben beide einen Anteil von 50%. Sie zeigt die durchschnittlichen Unterschiede der Ergebnisse auf beiden Stufen. Werden zum Beispiel zwei Einheiten gemessen und nach Demontage und Wiedermontage erneut geprüft, dann berechnet man die Differenz der Ergebnisse auf jeder Stufe. Die durchschnittliche Differenz (d) ist somit der Mittelwert der Differenzen der Ergebnisse auf beiden Stufen.

In einem zweiten Schritt wird die *Durchschnitts-Differenz* (D) berechnet. Sie wird bestimmt, indem man den Unterschied zwischen den Durchschnittswerten beider Stufen (gut und schlecht) berechnet. Man bildet den Mittelwert aus den Ergebnissen (nicht aus den Differenzen) und stellt diesen Unterschied als Durchschnittsdifferenz dar. Sie kann auch als Strecke abgebildet werden, wie aus der unteren Darstellung in Bild 9.19 abzulesen ist.

Hierfür ein einfaches Beispiel: Ein guter und ein schlechter Motor werden in ihren Leistungen miteinander verglichen. Der gute Motor leistet 55 kW, der schlechte bringt es nur auf 50 kW. Nach Demontage beider Motoren und erneuter Montage wird die Leistung mit 57 kW beim guten und mit 49 kW beim schlechten gemessen.

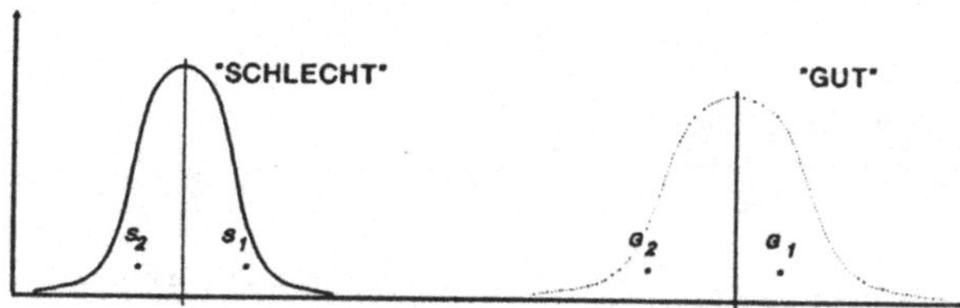

S_1 = 1.Ergebnis für schlechte Einheit G_1 = 1.Ergebnis für gute Einheit
S_2 = 2.Ergebnis für schlechte Einheit G_2 = 2.Ergebnis für gute Einheit

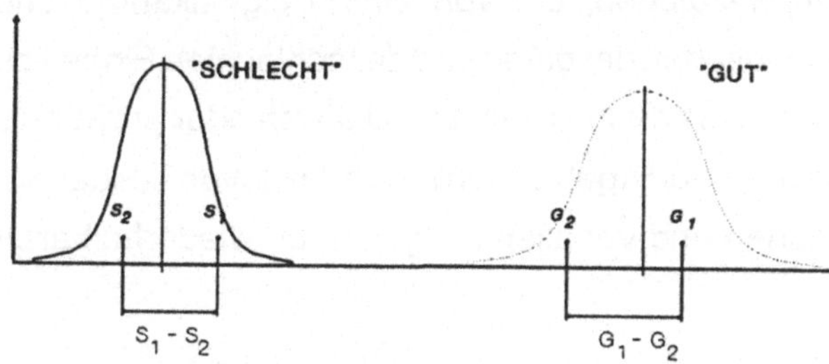

"Durchschnittliche Differenz" der Wiederholungen

$$d = \frac{G_1 - G_2}{2} + \frac{S_1 - S_2}{2}$$

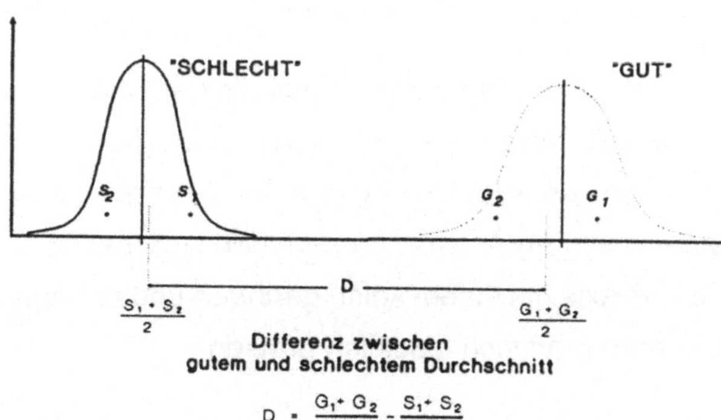

Bild 9.19
Signifikante und wiederholbare Differenz

Damit ergibt sich

$$d = \frac{57-55}{2} + \frac{50-49}{2} = 1 + 0,5 = 1,5$$

$$D = \frac{57+55}{2} - \frac{50+49}{2} = 56 - 49,5 = 6,5$$

Für die weitere Berechnung werden diese beiden Differenzen (D und d) zueinander ins Verhältnis gesetzt. Sind jeweils nur zwei gute und zwei schlechte Ergebnisse bekannt, dann empfiehlt Shainin ein Verhältnis von 1 zu 5 zwischen d und D zugrundezulegen, um von einem signifikanten und wiederholbaren Unterschied zwischen der guten und der schlechten Einheit zu sprechen. Nur bei einem solchen Verhältnis von d zu D gleich oder größer als 1 zu 5 kann man mit Hilfe von nur zwei Ergebnissen pro Stufe davon ausgehen, daß es sich um einen deutlichen und vor allen Dingen auch wiederholbaren Unterschied handelt.

Für oben genanntes Beispiel erhält man ein Verhältnis von D zu d wie 6,5 zu 1,5 = 4,3. Man kann somit **nicht** von einem signifikanten und wiederholbaren Verhältnis sprechen. Das Risiko, zu einer falschen Entscheidung zu kommen, ist dabei sehr gering. Die Entscheidung heißt in diesem Fall, daß der Unterschied zwischen den beiden Motoren nicht groß genug ist, um von einem deutlichen und wiederholbaren Unterschied zu sprechen.

Risiko heißt, zu einer falschen Schlußfolgerung zu kommen, in dem man eine richtige Lösung zurückweist bzw. eine falsche Lösung zu akzeptiert. Bei einem Verhältnis von 1 zu 5 für D zu d liegt dieses Risiko ungefähr bei 5 Prozent, oder die Wahrscheinlichkeit zu einer richtigen Antwort zu kommen liegt bei 95%. Wenn jede Entscheidung in der Praxis mit einem solch geringen und bekannten Risiko verbunden wäre, könnte man sich glücklich preisen.

Erreicht man die Differenz von 1 zu 5 nicht, sind weitere Versuche notwendig, um tatsächlich vorhandene Unterschiede erkennen und bewerten zu können. Diese Methode wird bei Shainin in der "A zu B Analyse" beschrieben. Dabei werden die Versuchsergebnisse zwar gemessen aber nicht gewichtet, sondern nur in ihrer Rangfolge geordnet. Sind z.B. bei der geordneten Rangfolge von sechs Ergebnissen (drei auf jeder Stufe) alle guten Ergebnisse zusammen und alle schlechten zusammen und somit in ihrer Rangfolge voneinander getrennt, dann kann man mit hoher Wahrscheinlichkeit von einer Differenz zwischen den beiden Wertstufen ausgehen.

Auch hier soll mit einem einfachen Beispiel das Verständnis erleichtert werden:

Gute Ergebnisse	Schlechte Ergebnisse
$A_1 = 12$	$B_1 = 17$
$A_2 = 10$	$B_2 = 19$
$A_3 = 13$	$B_3 = 14$

Reihenfolge: 10/12/13/14/17/19 der Zahlen

Reihenfolge: $A_2/A_1/A_3/B_3/B_1/B_2$ der Bezeichnungen

Die guten Ergebnisse stehen alle zusammen und sind in der Rangfolge getrennt von den schlechten. Das gleiche gilt für die schlechten Ergebnisse. Bei drei Ergebnissen auf jeder Stufe und einer solchen Trennung besteht eine 95%ige Wahrscheinlichkeit, daß es sich um einen “deutlichen und wiederholbaren” Unterschied handelt. Um die Größe dieses Unterschieds quantitativ bestimmen zu können, bedarf es einer zusätzlichen Berechnung, die in der angegebenen Literatur (z.B./3/) eingehend beschrieben ist. Hier soll nicht weiter darauf eingegangen werden.

Zur einfachen Abschätzung des Risikos werden bei Shainin Berechnungsmethoden angegeben, die die Gefahr deutlich machen, eine falsche Entscheidung zu treffen. Man kann es aber auch andersherum ausdrücken: Die Wahrscheinlichkeit kann bestimmt werden, die zu einer richtigen Entscheidung führt. Dabei kann das Risiko meist durch die Anzahl der Versuche (bzw. der Wiederholungen) verringert werden. Eine einfache Berechnungsmethode mit Tabellen /3/ hilft dem in der Statistik Ungeübten, die Chancen (Statistische Sicherheit) festzulegen und seine Versuche entsprechend zu planen und auszuwerten. In den meisten praktischen Fällen wird man eine statistische

Sicherheit von 0,95 (95%) wählen, um die Anzahl der Versuchsergebnisse auf jeder Stufe zu bestimmen.

Mögliche Rangfolge für 6 Ergebnisse:

1	2	3	4	5	6	7	8	9	10	11	12	13	14	15	16	17	18	19	20
B	B	B	B	B	B	B	B	B	B	A	A	A	A	A	A	A	A	A	A
B	B	B	B	A	A	A	A	A	A	B	B	B	B	B	B	A	A	A	A
B	A	A	A	B	B	B	A	A	A	B	B	B	A	A	A	B	B	B	A
A	B	A	A	B	A	A	B	B	A	B	A	A	B	B	A	B	B	A	B
A	A	B	A	A	B	A	B	A	B	A	B	A	B	A	B	B	A	B	B
A	A	A	B	A	A	B	A	B	B	A	A	B	A	B	B	A	B	B	B

Die Gesetzmäßigkeit der Kombinatorik gibt bei oben genanntem Beispiel von jeweils drei Ergebnissen die Lösung, daß es **eine solche** Rangfolge nur in 1 von 20 möglichen Rangfolgen gibt, wo die guten Ergebnisse (A) geschlossen vor den schlechten Ergebnissen (B) stehen. Bei einer solchen Anordnung der Ergebnisse besteht nur ein 5%iges Risiko, zu einer falschen Entscheidung zu gelangen.

Nicht in allen Fällen wird sich eine derartig klare Trennung zwischen guten und schlechten Ergebnissen einstellen. Es kann einen gewissen Bereich geben, in dem sich gute und schlechte Ergebnisse miteinander vermischen. Ein Beispiel soll wiederum zum besseren Verständnis dienen.

Gute Ergebnisse	Schlechte Ergebnisse
$A_1 = 12$	$B_1 = 25$
$A_2 = 17$	$B_2 = 20$
$A_3 = 21$	$B_3 = 19$
$A_4 = 16$	$B_4 = 24$
$A_5 = 18$	$B_5 = 27$

Reihenfolge: 12/16/17/18/19/20/21/24/25/27 der Zahlen

Reihenfolge: $A_1/A_4/A_2/A_5/B_3/B_2/A_3/B_4/B_1/B_5$ der Bezeichnungen

Endzählwert | | Endzählwert

A = 4x Überlappung B = 3x

Hier hilft die sogenannte Technik der Endzählwerte bei gegebener Überlappung. Die Abschätzung des Risikos erfolgt in diesem Fall nach der "6, 9, 12 -Regel", der folgende Risiken zugeordnet sind:

Endzählwert	Risiko	Stat.Sicherheit
6	5%	95%
9	1%	99%
12	0,1%	99,9%

Wichtige Voraussetzung zur Anwendung dieser Regel ist, daß entweder gleich viele Ergebnisse auf beiden Stufen zur Verfügung stehen, oder daß das Verhältnis von n_A zu n_B nicht größer ist als 4 zu 5.

n_A = Anzahl der Ergebnisse der A-Einheit,

n_B = Anzahl der Ergebnisse der B-Einheit.

Bei oben genanntem Beispiel ergibt der Endzählwert die Summe von 7 (A = 4; B = 3). Das Risiko liegt somit unter 5%, da der Endzählwert in diesem Fall größer als 6 ist. Eine gewünschte Verringerung des Risikos wäre durch weitere Versuche möglich. Die Aussage ist aber bei einem Risiko kleiner als 5%, wie eingangs bereits gesagt, ohne weiteres akzeptabel.

Auf die, dieser Abschätzung des Risikos zugrundeliegenden Formeln soll hier nicht näher eingegangen werden.

Da, wie ich schon erwähnte, der Vergleich von guten und schlechten Einheiten ein wichtiges Element der Versuchsmethodik von Shainin ist, ist die Abschätzung des Unterschieds zwischen Einheiten verschiedener Stufen von großer Bedeutung. Nur so ist gewährleistet, bei Vergleichen zu Ergebnissen zu kommen, die später wiederholt werden können und dauerhaft zu den gewünschten Verbesserungen führen. Bei der Beschreibung der einzelnen

Versuchsmethoden wird das noch deutlicher werden. Diese einleitenden Erläuterungen dienen dem besseren Verständnis der nun zu schildernden Versuchsmethoden.

9.6 Versuchsmethoden nach Shainin

Folgende Beschreibungen sollen die einzelnen Versuchsmethoden charakterisieren und eine Verbindung untereinander und zu den genannten Techniken herstellen. Da die Unterschiede zwischen den Methoden teilweise nur gering sind, soll im folgenden vor allen Dingen versucht werden, die Gemeinsamkeiten herauszustellen. In der Literatur wird häufig der Eindruck erweckt, daß es sich um vollkommen verschiedene Werkzeuge handelt, deren Einsatz vor allem von der Anzahl der Einflußgrößen diktiert wird. Nach meiner Meinung steht im Mittelpunkt der Versuchsmethoden von Shainin der voll-faktorielle Versuch. Da aber, wie im Kapitel 9.2 bereits erklärt wurde, bei einer großen Anzahl von Einflußgrößen die Anzahl der Versuche ins Unermeßliche steigt, zeigt Shainin einen Weg, wie die Einflußgrößen schrittweise durch Eliminierung der unwichtigen Einflußgrößen zu reduzieren sind. Das Ziel ist, die Anzahl der Einflußgrößen so weit zu reduzieren, daß bei weniger als fünf Einflußgrößen ein voll-faktorieller Versuch mit maximal 16 Versuchen durchgeführt werden kann. Durch diesen Versuch wird die Voraussetzung dafür geschaffen, die Bedeutung der Einflußgrößen nach Haupt- und Wechselwirkungen quantifizieren zu können. Man sollte dieses Ziel bei der Vielzahl unterschiedlicher Versuchsmethoden nicht aus dem Auge verlieren. Keine Untersuchung sollte ohne einen voll-faktoriellen Versuch als abgeschlossen gelten. Alle anderen Versuchsmethoden dienen dazu, die Anzahl der Einflußgrößen zu reduzieren, und dies mit dem geringstmöglichen Aufwand an Zeit und Geld.

Dem Praktiker ist bekannt, daß am Beginn einer Untersuchung immer eine große Anzahl von Einflußgrößen genannt wird, deren Wichtung ausgesprochen schwierig ist. Dies gilt vor allem für die Teamarbeit, bei der jedes Mitglied seine Einflußgrößen für die wichtigsten hält. Eine Beschränkung gleich am Anfang sollte aber vermieden werden, da bei den Teammitgliedern eine gewisse Frustration ausgelöst werden könnte. In diese Gefahr sollte man sich nicht begeben.

Deshalb gilt es, die Frage zu beantworten, wie die Anzahl der Einflußgrößen sinnvoll begrenzt werden kann, ohne im eigentlichen Versuch eine auszulassen. Hier bietet sich die Methode des Multi-Vari Bildes an.

9.6.1 Multi-Vari Bild

Diese Methode wird immer dann eingesetzt, wenn man über die Einflußgrößen **und** deren Anzahl keine oder nur vage Aussagen machen kann. Die Untersuchung beginnt damit, daß man in festgelegten, konstanten Zeitabständen der Produktion eine Anzahl Teile entnimmt und sie sehr genau und evtl. auch an verschiedenen Stellen mißt. Die gesamte Untersuchung kann sich über Tage oder sogar Wochen hinziehen. Die Begrenzung liegt darin, daß man ungefähr 80% der Streuung des zu untersuchenden Prozesses im Untersuchungszeitraum eingefangen haben muß. Die Ergebnisse der zu untersuchenden Zielgröße werden (alle) systematisch in eine, der Kontrollkarte sehr ähnliche Darstellung eingetragen (siehe Bild 9.21). Diese Darstellung wird "Multi-Vari Bild" genannt und hat der Versuchsmethode den Namen gegeben. Die Ergebnisse werden genau so erfaßt wie man sie gesammelt hat, d.h., die zeitliche Reihenfolge wird streng beachtet. Die statistische Gesetzmäßigkeit der Randomisierung, wie wir sie von der Qualitätsregelkarte her kennen, gilt in diesem Falle nicht. Man versucht, aus dieser bildlichen Darstellung zu erkennen, ob die größte(n) Streuung(en)

(1) lagebedingt ist (sind), d.h. innerhalb eines Teiles, aber an verschiedenen Stellen auftreten, oder

(2) zyklisch bedingt ist (sind), d.h. zwischen einzelnen Teilen innerhalb kurzer Zeiträume (evtl. von einem Teil zum nächsten) auftreten, oder

(3) zeitlich bedingt ist (sind), d.h. von Zeitabschnitt zu Zeitabschnitt auftreten. Hierbei kann es sich auch um eine langzeitige Veränderung oder Entwicklung (Trend) handeln.

Man könnte evtl. auch unterscheiden nach:

(1) zur gleichen Zeit, oder

(2) in kurzen Zeitabständen, oder

(3) in größeren Zeitabständen (periodisch).

Die Ergebnisse müssen so lange erfaßt werden, bis man den größten Teil (ca. 80%) der Gesamtstreuung darin wiedergefunden hat. Die unterschiedlichen Streuungsvarianten sind bildlich in Bild 9.20 wiedergegeben. Die Auswertung bedarf einer gewissen Routine, um die unterschiedlichen Streuungsanteile erkennen zu können.

Die Methode des Auffindens kann am besten an Hand der kontrollkartenähnlichen Darstellung des Bildes 9.21 erklärt werden. Im oberen Bild sieht man deutlich, daß sich die Gesamtstreuung zum größten Teil aus der Streuung einer Einheit zusammensetzt. Die Mittelwerte der einzelnen Einheiten streuen nur wenig um den Mittelwert der Gesamtstreuung. Die größte Streuung ist innerhalb einer Einheit gemessen worden (durch eine umschließende Ellipse gekennzeichnet). Diese Einheit kann am besten Auskunft über die Ursache der Gesamtstreuung geben.

Bei der mittleren Darstellung in Bild 9.21 erkennt man im Gegensatz zur ersten die starke Streuung der Mittelwerte jeder gemessenen Einheit. Die Gesamtstreuung wird somit vor allem durch diese Streuung der Mittelwerte hervorgerufen. Die größte Differenz zwischen zwei Mittelwerten ist durch zwei Kreise gekennzeichnet. Es gilt nun herauszufinden, welche Einflußgrößen diese starken Veränderungen zwischen den beiden Einheiten verursacht haben.

In der unteren Darstellung in Bild 9.21 sind es dagegen die Mittelwerte aller zur gleichen Zeit vermessenen Einheiten, die den größten Sprung machen und somit den größten Anteil der Gesamtstreuung bilden. Die Frage ist zu beantworten, was zwischen der dritten und vierten Zeitperiode passiert ist (durch Kreise gekennzeichnet), um die wichtigsten Einflußgrößen herauszufinden.

Lagebedingte Streung

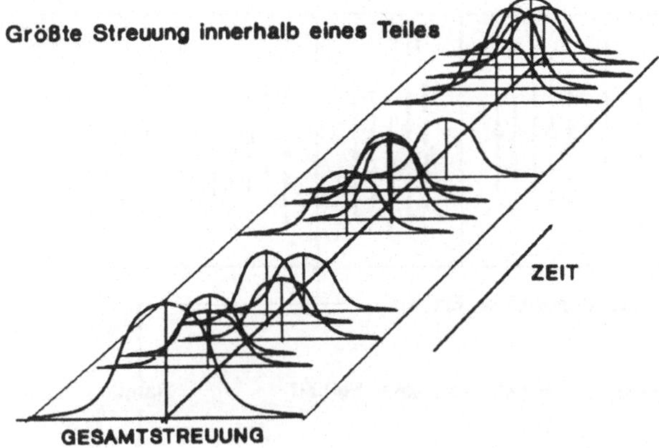

Zyklische Streuungen

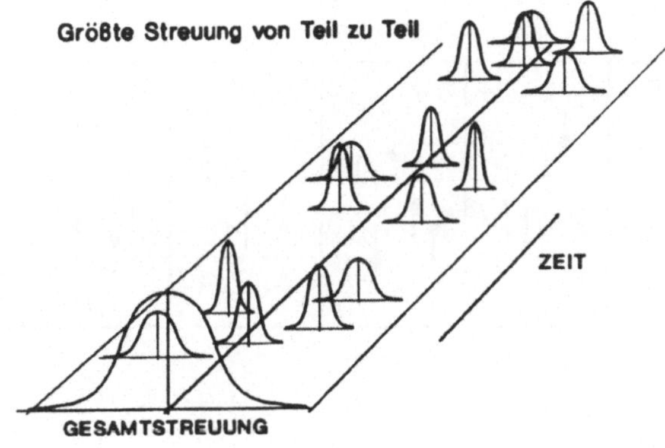

Zeitlich bedingte Streuung

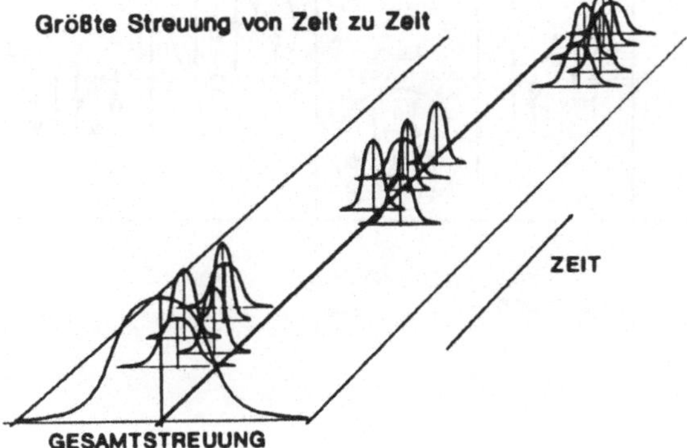

Bild 9.20
Multi-Vari Bilder

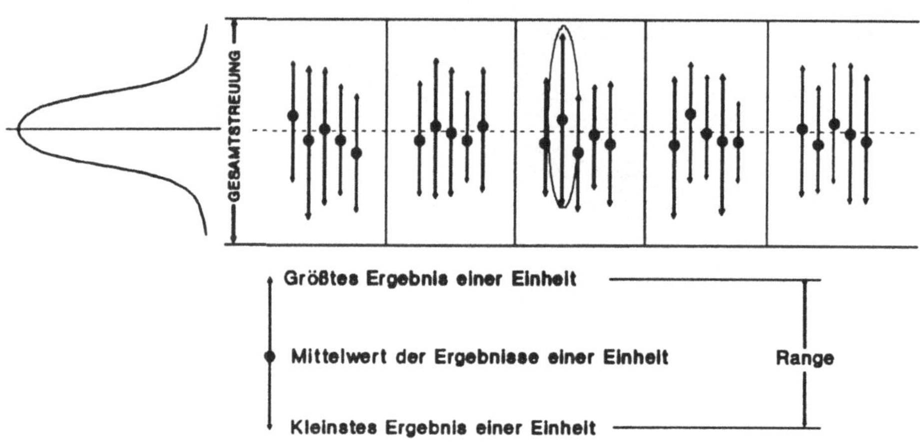

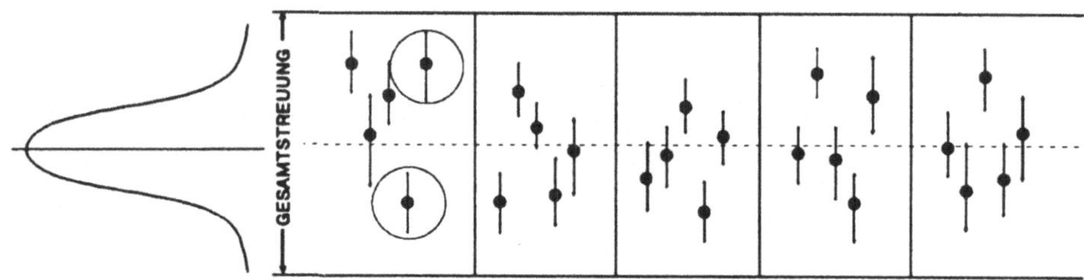

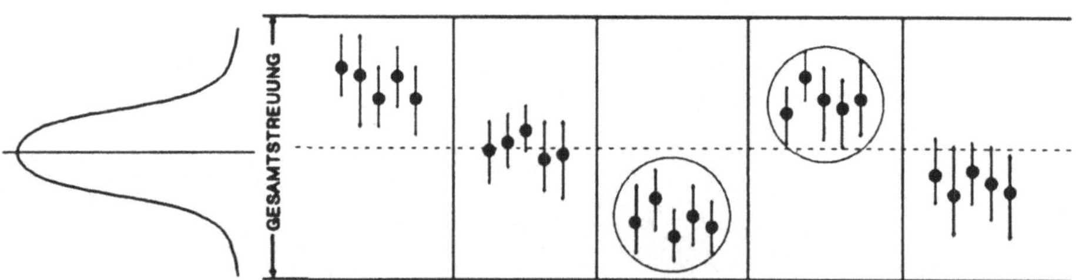

Bild 9.21
Multi-Vari Bilder, Regelkartenähnliche Darstellung

Dem Multi-Vari Bild kann man auf Grund dieser genannten Zuordnung bestimmte Erkenntnisse über in Frage und nicht in Frage kommende Einflußgrößen entnehmen. In der Praxis hat sich manchmal nach einer solchen Untersuchung bereits die Lösung des Problems ergeben. Das ist und sollte aber nicht die eigentliche Aufgabe dieser Methode sein. Das Ziel ist die Eliminierung unwichtiger Einflußgrößen oder die Unterscheidung in mögliche und unmögliche Einflußgrößen, um auf diesem Wege zu einer übersichtlichen Anzahl von Einflußgrößen zu gelangen, die man dann noch eingehender untersuchen kann.

In einigen Fällen ist auch eine Mischung aus zwei der drei genannten Ursachen denkbar. Trotzdem ist man dann in der Lage, wichtige Einflußgrößen von weniger wichtigen zu trennen. So kann z.B. die zeitliche Streuung das Rote-X beinhalten, während die lagebedingte Streuung von einem Rosa-X herrühren kann. Auf jeden Fall sind weitere Untersuchungen zum Bestimmen der wahren Einflußgrößen notwendig.

Zum besseren Verständnis sollen einige Beispiele für die verschiedenen Streuungsursachen genannt werden:

(1) Lagebedingte Streuungen
- — Streuungen innerhalb eines Teiles in Form von dimensionellen Unterschieden, die von der Lage am Teil abhängig sind, wie Konizität, Unrundheit usw.,
- — Verteilung von Porosität, die sich auf bestimmte Zonen bei einem Teil konzentrieren können,
- — Fehlererscheinungen, die in bestimmten Bereichen besonders gehäuft auftreten, wie Beschädigung der Oberfläche.

(2) Zyklische Streuungen
- — Dimensionelle Streuungen, die zwischen aufeinanderfolgenden Teilen aber auch zwischen aufeinanderfolgen Losen zu erkennen sind,
- — Materielle Streuungen, die von Charge zu Charge oder von Lieferant zu Lieferant zu beobachten sind.

(3) Zeitliche Streuungen

— Langfristige Trends und Sprünge, die in größeren Zeitabständen, evtl. in ganz bestimmten oder zu bestimmten Zeitpunkten immer wieder zu beobachten sind. Zeitliche Entwicklung während eines Tages oder nach Stillstand einer Maschine gehört in diese Gruppe.

Nach dieser Klassifizierung ist es die Aufgabe des Teams, daraus Einflußgrößen zu erkennen und zu bestimmen, die solche charakteristischen Veränderungen bewirken können. Oder andererseits Einflußgrößen zu eliminieren, die sich nicht auf die Zielgröße auswirken können, weil sie z.B. nur ständig oder in anderen Zeitabständen auftreten können. Bekannte Beispiele sind Sprünge in Ergebnissen, die zu bestimmten Tageszeiten, vor allen Dingen nach Pausen, in Erscheinung treten. Die Frage lautet dann einfach: Was ist in diesen Zeitabschnitten passiert?, damit man die wirksamen Einflußgrößen herausfiltern kann. Das Abkühlen der Maschine infolge Abschaltens ist häufig ein Grund für die Veränderung der Zielgröße, die somit durch weitere Versuche mit Einflußgrößen basierend auf Temperaturänderungen im Einzelnen untersucht werden muß. Aber auch Trends in Abhängigkeit von der Zeit können interessante Hinweise auf mögliche Einflußgrößen geben. Die Erwärmung der Einrichtung während des Tages ist ein solcher Fall.

Ist ein großer Anteil der Streuung an *einem* Teil zu finden, so sind alle zeitlichen — kurz- und langfristigen — Einflußgrößen von vornherein auszuschließen. Man sieht bereits an dieser kurzen Aufzählung, welche Aussagekraft das Multi-Vari Bild besitzt. Sicher gehört eine gewisse Übung zum Erkennen der zuständigen Einflußgrößen dazu, aber die Praxis hat gezeigt, wie schnell Teammitglieder in der Lage sind, Spreu vom Weizen zu trennen.

Es ist immer interessant, nach einer Schulungsveranstaltung über Statistische Versuchsmethodik von den Teilnehmern zu erfragen, welche Methode sie zur Lösung ihrer Probleme einsetzen wollen. Das Multi-Vari Bild wird sehr häufig genannt, weil es einem Anfänger erst einmal das Erkennen von Einflußgrößen überhaupt ermöglicht. Es hilft einem, aus einer Vielzahl von Einflußgrößen die wichtigsten herauszugreifen und wichtig von unwichtig zu trennen. Wenn man vertrauter mit der Statistischen Versuchsmethodik ist, fällt es einem leichter, Einflußgrößen zu erkennen, auszuwählen und die zugehörigen Wertstufen festzulegen. Darum halte ich es für empfehlenswert, ganz besonders im Anfang der Multi-Vari Bild Methode große Aufmerksamkeit zu schenken.

9.6.2 Vergleichsmethoden

9.6.2.1 Komponententausch

Diese Versuchsmethode basiert, wie der Name sagt, auf dem Vergleich von einer **guten** mit einer **schlechten** Einheit. Zwingende Voraussetzung für die Anwendung ist, daß die Einheiten (gute und schlechte) ganz oder zumindest bis zu einem gewissen Grade zerlegt und wieder zusammengebaut werden können. Die eigentliche Untersuchung besteht aus einer Reihe von Versuchen, bei denen einzelne Komponenten zwischen der guten und der schlechten Einheit ausgetauscht und ihr Einfluß auf das Qualitätsmerkmal (Zielgröße) bestimmt wird. Dabei wird bei einem Versuch nur immer eine Komponente getauscht. Bevor man die nächste Komponente wechselt, wird die zuerst geprüfte wieder zur ursprünglichen Einheit zurückgetauscht. Findet man nach dem Austausch einer oder mehrerer Komponenten eine starke Verschlechterung bei der guten Einheit und eine dementsprechende Verbesserung bei der schlechten Einheit, dann handelt es sich um eine oder mehrere wichtige Einflußgröße(n), oder um im Terminus von Shainin zu sprechen, um das "Rote-X" oder um die "Rosa-X's".

Häufig wehrt man sich dagegen, eine Komponente, die keinen Einfluß auf das Qualitätsmerkmal gezeigt hat, wieder zurückzutauschen. Wenn der Aufwand für das De- und Remontieren sehr groß ist, kann man evtl. darauf verzichten. Man sollte sich aber der Gefahr bewußt sein, daß dadurch das Ergebnis verfälscht werden kann. Darum sollte man nur in Ausnahmefällen auf diese Vereinfachung zurückgreifen.

Damit ist eine wichtige Voraussetzung für den Komponententausch bereits genannt. Die Einheit muß sich demontieren und wieder zusammensetzen lassen. Nur auf diese Weise ist es möglich, durch Austausch einzelner Komponenten wichtige Einflußgrößen von unwichtigen zu trennen.

Bei dieser Gelegenheit sollen die Gesetzmäßigkeiten der Statistik noch einmal in Erinnerung gerufen werden, die die Zufallsreihenfolge und Wiederholungen fordern. Um beim Komponententausch zu brauchbaren und zuverlässigen (wiederholbaren) Ergebnissen zu kommen, sollte dem Zufall Gelegenheit zur Auswirkung gegeben werden. Werden bestimmte Komponenten von einem Mitarbeiter de- und zurückmontiert und andere von dem nächsten, so kann der Einfluß, der durch den Mitarbeiter hervorgerufen wird, nicht erkannt werden. Auch Einflüsse, die mit der Tageszeit zusammenhängen, werden durch andere verdeckt. Die Gesetzmäßigkeit der Statistik weist immer wieder darauf hin, **allen** Einflüssen Gelegenheit zu geben, sich bei jedem Versuch auszuwirken. Gegen dieses Gesetz wird oft unbewußt aus Kosten- oder Zeitgründen verstoßen. Was nutzen aber eingesparte Kosten, wenn das Versuchsergebnis falsch ist?

Der Versuch beginnt mit der Messung der Zielgröße bei der guten und bei der schlechten Einheit. (Zur besseren Verdeutlichung und Erklärung bietet sich die grafische Darstellung an, siehe Bild 9.22.) Anschließend werden beide Einheiten demontiert und wieder zusammengebaut. Eine nochmalige Messung der Zielgröße bei beiden Einheiten wird durchgeführt und das Ergebnis für beide Einheiten in die Grafik eingetragen.

Wie man aus Bild 9.22 ablesen kann, treten keine großen Unterschiede auf. Danach stehen einem jeweils zwei Meßergebnisse für jede Einheit zur Verfügung. Der Vergleich wird mit Hilfe der Differenziermethodik bewertet. Die Frage ist zu beantworten, ob der Unterschied groß genug (signifikant) und wiederholbar ist? Dazu wird das Verhältnis von D zu d berechnet. Liegt dieses bei 5 zu 1 oder größer, dann ist die Frage mit "ja" beantwortet, und der weiteren Untersuchung der Gründe für diese Differenz steht nichts mehr im Wege. Ergibt sich ein Verhältnis von D zu d kleiner als 5 zu 1, dann sind weitere Versuche (erneute Demontage, Wiedermontage, Messung der Zielgröße

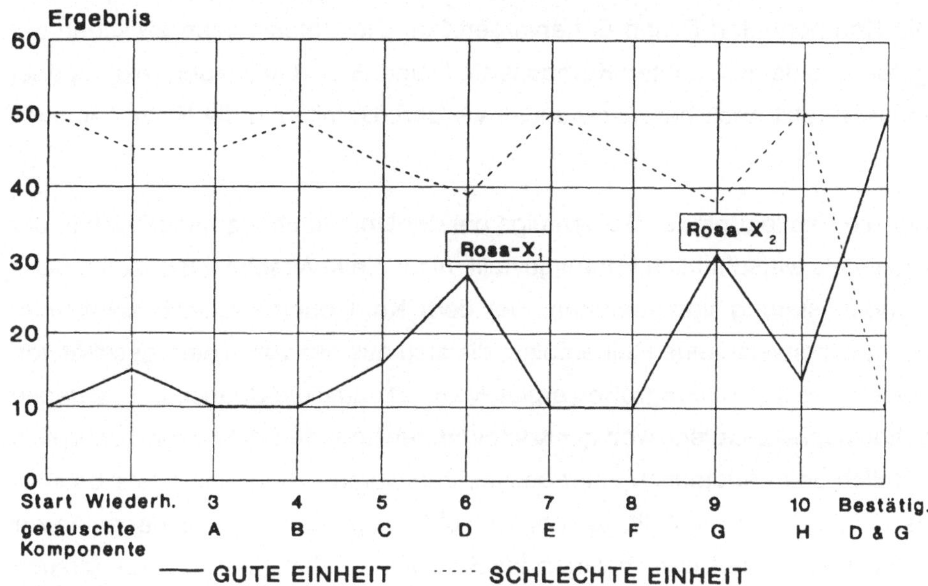

Bild 9.22
Komponententausch, grafische Darstellung

beider Einheiten) notwendig, um mit der "A zu B-Analyse" die oben gestellte Frage beantworten zu können. Nur wenn sich ein reproduzierbarer und deutlicher Unterschied zwischen guter und schlechter Einheit herausstellt, werden die weiteren Versuche durchgeführt. Bei Betrachtung des Bildes 9.22 erkennt man, daß erst beim Austausch der Komponente D eine deutliche Veränderung auftritt. Beide Ergebnisse nähern sich an. Es tritt aber keine totale Umkehr auf. Aus diesem Grunde wird der Einfluß durch die Komponente D als ein Rosa-X angesehen. Die Komponenten E und F bewirken keine nennenswerten Veränderungen. Erst beim Austausch der Komponente G treten die gleichen Erscheinungen wie bei der Komponente D auf. Somit haben wir eine zweite wichtige Einflußgröße in der Komponente G gefunden. Der Einfluß, der durch Austausch der Komponente H hervorgerufen wird, ist zu vernachlässigen. Der Bestätigungsversuch besteht im gleichzeitigen Austausch der Komponenten D und G. Das Ergebnis dieses Bestätigungsversuches ist eine totale Umkehr von der guten zur schlechten Einheit und umgekehrt. Somit wird der Unterschied zwischen der guten und schlechten Einheit durch die Komponenten D und G hervorgerufen. Die Unterschiede zwischen der guten und der schlechten Komponente D und G sind entweder bekannt oder müssen jetzt noch herausgefunden werden. Damit sind die Einzelversuche abgeschlossen.

Für die Festlegung der Reihenfolge bei der Untersuchung hat es sich in der Praxis als wirtschaftlich herausgestellt, nicht die in Abschnitt 8 beschriebene Randomisierung vorzunehmen. Bei dem Komponententausch wählt man geschickterweise eine Reihenfolge, die sich aus der vom Team geschätzten Bedeutung der Einflußgrößen ergibt. Man hat damit die Chance, den Versuch schon nach Austausch weniger Komponenten beenden zu können. Wenn sich nämlich beim Austausch einer bestimmten Komponente eine totale Umkehr des Ergebnisses einstellt, von der schlechten zur guten und von der guten zur schlechten Einheit, dann hat man das Rote-X gefunden. Kein weiterer Versuch — außer evtl. einem Bestätigungsversuch — ist dann mehr notwendig. Die totale Umkehr muß allerdings gegeben sein, sonst kann es zu einem Fehlschluß kommen.

Der Ablauf der Einzelversuche ist in Bild 9.23 einmal systematisch in Form eines Flußdiagramms dargestellt. Der obere Teil des Bildes zeigt die Vorgehensweise bis zur Bestimmung der signifikanten und wiederholbaren Differenz. Im unteren Teil sind die einzelnen Schritte und Entscheidungen dargestellt, die im Rahmen des Komponententausches zur Bestimmung des Roten-X oder der Rosa-X führen.

Stellt sich im Laufe des Versuchs heraus, daß der Unterschied zwischen der guten und der schlechten Einheit nicht nur durch eine sondern mehrere Einflußgrößen hervorgerufen wird, muß versucht werden, stets nur "gute" Komponenten zur Verbesserung einzusetzen. Dabei ist es häufig von Interesse, eine quantitative Auswertung der Effekte der Haupt- und Wechselwirkungen dieser Einflußgrößen vorzunehmen (s. Bild 9.24 bis 9.26).

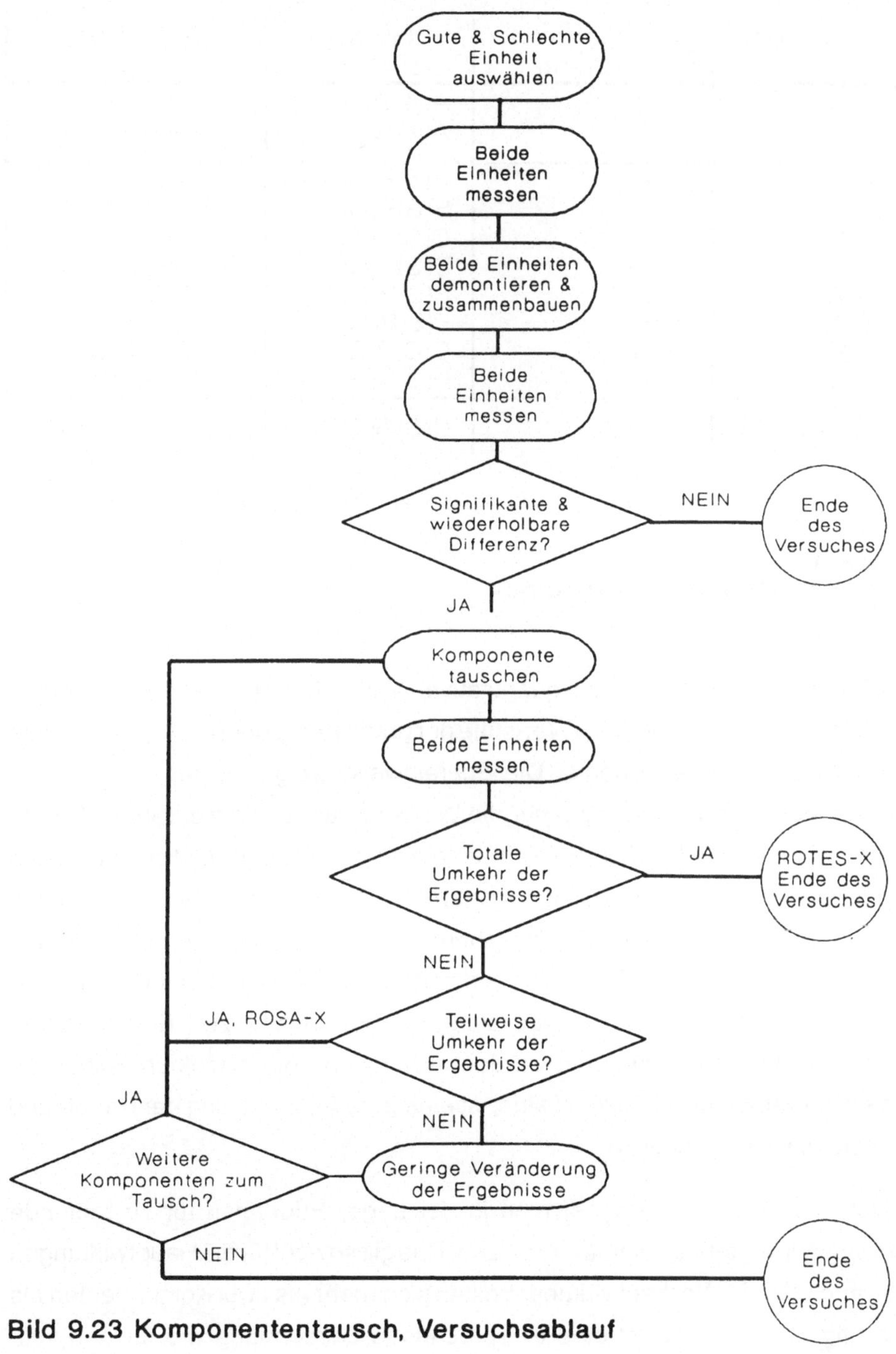

Bild 9.23 Komponententausch, Versuchsablauf

Versuch	getauschte Komponenten	"Gute" Einheit	"Schlechte" Einheit
Start Wiederh.		$Alle(G)_1$ $Alle(G)_2$	$Alle(S)_1$ $Alle(S)_2$
3	A	A(S)R(G)	A(G)R(S)
4	B	B(S)R(G)	B(G)R(S)
5	C	C(S)R(G)	C(G)R(S)
6	D	D(S)R(G)	D(G)R(S)
7	E	E(S)R(G)	E(G)R(S)
8	F	F(S)R(G)	F(G)R(S)
9	G	G(S)R(G)	G(G)R(S)
10	H	H(S)R(G)	H(G)R(S)
Bestätig.	D&G	D(S)G(S)R(G)	D(G)G(G)R(S)

R = Restliche Komponenten

Bild 9.24
Komponententausch, Versuchssystematik

In Bild 9.24 werden die für die quantitativen Versuchsergebnisse verwendeten Abkürzungen genannt: (G) = Wertstufe der guten Komponente; (S) = Wertstufe der schlechten Komponente. Die Schreibweise zeigt vor der Klammer die Komponente und in der Klammer die Wertstufe an. Dann werden die Ergebnisse aller Versuche (Bild 9.25) in eine zweiparametrige Matrix der beiden wichtigen Faktoren D und G eingetragen und aus den Mittelwerten die Effekte der Haupt- und die Wechselwirkung berechnet. Bild 9.26 wiederholt die Matrix in einer vereinfachten Darstellung und zeigt die für die Berechnung verwendeten Formeln, die bereits beim voll-faktoriellen Versuch für zwei Einflußgrößen auf zwei Wertstufen genannt wurden. Auch wenn die einzelnen Felder der Matrix unterschiedlich besetzt sind, ist eine gute Abschätzung der Haupt- und Wechselwirkung möglich.

Nach dieser Berechnung ist man in der Lage, Prioritäten für zu treffende Verbesserungs-Maßnahmen zu setzen. Das gilt sowohl für die Hauptwirkungen als auch für die Wechselwirkung. Sollten sich mehr als zwei Komponenten als wichtig erweisen, so ist eine entsprechende Berechnung wie für den voll-faktoriellen Versuch mit mehreren Einflußgrößen möglich (siehe Beispiele).

	D(S)	D(G)
G(S)	Alle(S)₁ / Alle(S)₂ A(G)R(S) / B(G)R(S) C(G)R(S) / E(G)R(S) F(G)R(S) / H(G)R(S) D(S)G(S)R(G) **Y_1 = Mittelwert**	D(G)R(S) G(S)R(G) **Y_3 = Mittelwert**
G(G)	G(G)R(S) D(S)R(G) **Y_2 = Mittelwert**	ALLe(G)₁ / Alle(G)₂ A(S)R(G) / B(S)R(G) C(S)R(G) / E(S)R(G) F(G)R(G) / H(S)R(G) D(G)G(G)R(S) **Y_4 = Mittelwert**

Bild 9.25
Komponententausch, quantitative Analyse

$$\text{Hauptwirkung: } D = \frac{Y_3 + Y_4}{2} - \frac{Y_1 + Y_2}{2}$$

$$\text{Hauptwirkung: } G = \frac{Y_2 + Y_4}{2} - \frac{Y_1 + Y_3}{2}$$

$$\text{Wechselwirkung: } D\&G = \frac{Y_1 + Y_4}{2} - \frac{Y_2 + Y_3}{2}$$

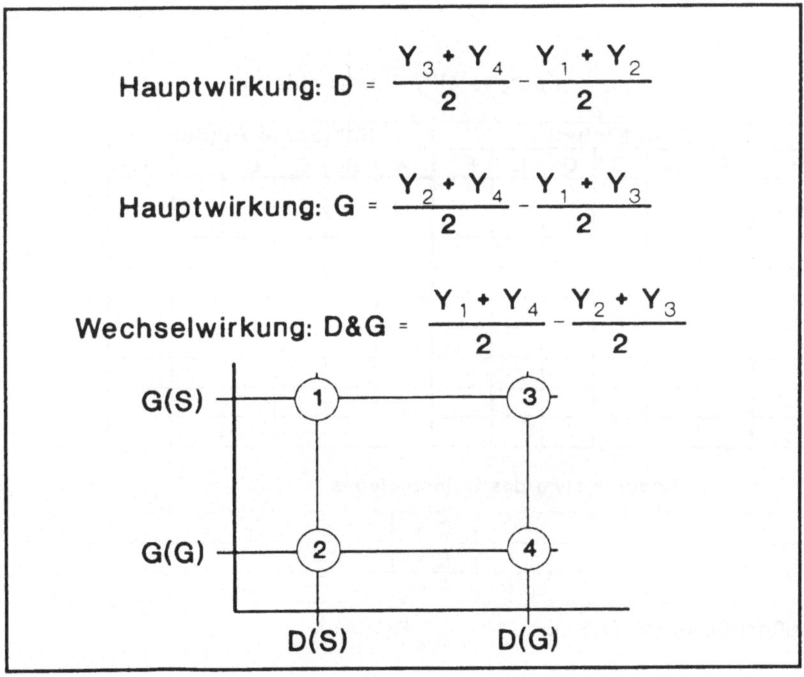

Bild 9.26
Komponententausch, Berechnung der Effekte

Weiterhin soll auf die eingangs gemachte Empfehlung hingewiesen werden, bei weniger als 5 (wichtigen) Einflußgrößen (Komponenten) einen vollfaktoriellen Bestätigungsversuch anzuschließen.

9.6.2.2 *Paarweiser Vergleich*

Der Paarweise Vergleich bietet sich an, wenn die Einheiten gar nicht oder nur durch Zerstörung in einzelne Komponenten zu zerlegen sind, um wichtige von unwichtigen Einflußgrößen zu unterscheiden. Ein "Paar" besteht jeweils aus einer guten und einer schlechten Einheit. Sie werden am besten einer größeren Menge von guten und schlechten Teilen entnommen. Diese Paare werden miteinander verglichen und ihre Unterschiede schriftlich erfaßt. Zu einer systematischen Erfassung der Unterschiede bietet sich das in Bild 9.27 gezeigte Schema an.

	Festgestellte Unterschiede												
	Gute Einheit						Schlechte Einheit						
Paar-Nr.	A	B	C	D	E	F	A	B	C	D	E	F	Bem.
1													
2													
3													
4													
5													
6													
7													
8													
9													

Beschreibung des Unterschiedes

A ▪		D ▪	
B ▪		E ▪	
C ▪		F ▪	

Haupteinflußgröße(n) ROTES-X: .... ROSA-X: ..../.........

Bild 9.27
Paarweiser Vergleich, Erfassungsschema

Häufig kann man bereits nach dem Vergleich von wenigen Paaren an den immer wieder auftretenden Unterschieden die Haupteinflußgrößen erkennen. Eine Wichtung ist an Hand der Häufigkeit der aufgefundenen Unterschiede möglich, um das Rote-X bzw. die Rosa-X deutlich zu machen.

Interessant ist dabei, daß schlechte Einheiten mit guten und nicht (nur) mit den Spezifikationen verglichen werden. Dies ist in der betrieblichen Praxis, bei der die Merkmale der beanstandeten Produkte nur mit den Spezifikationen verglichen werden, oft der Grund für das Nichterkennen der wahren Ursache eines Problems. Die Teile zeigen keine Abweichungen von den Spezifikationen und die Unterschiede zwischen den guten und schlechten Einheiten werden nicht erkannt. Dies kann darin begründet sein, daß bei den guten Teilen die Toleranz nicht ausgenutzt oder sogar nicht eingehalten wird. Um einen paarweisen Vergleich durchzuführen, müssen deshalb gute und schlechte Einheiten greifbar sein, aus denen man die Paare bilden kann. Nur in solchen Fällen ist diese Methode von Shainin anwendbar. Trotzdem erscheint diese Vorgehensweise immer besser als der alleinige Vergleich mit Spezifikationen, von denen man häufig nicht weiß, ob sie den Kundenerwartungen entsprechen. Man kann damit auch das oft verwendete Argument aus der Welt schaffen, daß es sich in einem solchen Fall um ein nicht reklamationswürdiges Problem handelt. Kundenunzufriedenheit setzt nicht nur das Einhalten der Spezifikationen voraus.

9.6.2.3 Variablenvergleich

Variablenvergleich und Komponententausch haben viele Gemeinsamkeiten. Nur der Zeitpunkt innerhalb des Lebenszyklus eines Produktes ist bei beiden verschieden. Der Variablenvergleich wird in der Entwicklungsphase eines neuen Produkts angewandt, während der Komponententausch meist während der Produktion eines Produktes eingesetzt wird. Zum Zeitpunkt der Entwicklung eines neuen Produktes macht man sich Gedanken, welche Einflußgrößen auf welchen Wertstufen zu einer guten bzw. einer schlechten Einheit führen können. Der Variablenvergleich beginnt damit, daß man die wichtigsten

Einflußgrößen in einem Team von Spezialisten bestimmt, sie nach ihrer Wichtigkeit sortiert und eine "gute" und eine "schlechte" Wertstufe festlegt. Die Sortierung der Einflußgrößen soll wie beim Komponententausch die Anzahl der Versuche begrenzen. Dies funktioniert aber nur unter der Voraussetzung, daß man die Sortierung richtig oder fast richtig vorgenommen hat. Shainin weist immer gerne auf die Irrtumswahrscheinlichkeit hin, vor der auch sogenannten Spezialisten nicht gefeit sind. Man sollte sich aber durch eine falsch gewählte Reihenfolge im Vorgehen nicht beirren lassen.

Der Variablenvergleich wird, wie bereits gesagt, meist in der Entwicklungsphase im Labor und nicht während der laufenden Fertigung eingesetzt. Er kann aber auch ausnahmsweise für die laufende Produktion benutzt werden. Will man die Fertigung nicht durch Versuche stören oder unterbrechen, verlagert man den Versuch in das Versuchslabor und wendet dabei die Regeln des Variablenvergleiches an. Dabei besteht allerdings die Gefahr, daß man die tatsächlichen Verhältnisse der Produktion im Versuchslabor nicht hundertprozentig simulieren kann. Darum sollte von der Möglichkeit einer Verlagerung nur in Ausnahmefällen Gebrauch machen.

Wie der Komponententausch besteht der Variablenvergleich aus zwei Phasen. In der ersten Versuchsphase wird die signifikante und wiederholbare Differenz bestimmt. Dazu werden bei der einen Einheit alle Einflußgrößen auf der besten Wertstufe miteinander gepaart und bei der anderen Einheit alle auf der schlechten. Man baut sich mit ausgewählten Komponenten eine gute und eine schlechte Einheit zusammen. Durch wiederholte Messung des Qualitätsmerkmals bei beiden Einheiten und anschließendem Vergleich kann man erkennen, ob der Unterschied zwischen der guten und der schlechten Einheit "signifikant und wiederholbar" ist. Eine Demontage und erneutes Zusammenbauen kann diesen Wiederholungen vorausgehen. Das Berechnungsverfahren entspricht der unter der Überschrift "Deutliche Differenzierung" geschilderten Vorgehensweise.

Die erste Phase des Variablenvergleiches gilt dann als abgeschlossen, wenn sich der Unterschied zwischen einer guten und einer schlechten Einheit als signifikant erwiesen hat und das Ergebnis wiederholbar ist. Andernfalls muß diese Null-Hypothese verworfen werden, d.h., es muß von vorne mit der Auswahl neuer Einflußgrößen oder der gleichen auf gewechselten Wertstufen begonnen werden. Die richtige Wahl der Wertstufen kann z.B. durch eine "A zu B Analyse" für jede Einflußgröße einzeln überprüft werden. Kommt es auch dann nicht zu einem signifikanten und wiederholbaren Unterschied, müssen andere Versuchsmethoden eingesetzt werden, wie zum Beispiel der vollfaktorielle Versuch.

Nach Bestätigung einer signifikanten und wiederholbaren Differenz kann die zweite Phase des Variablenvergleichs angegangen werden. Diese wiederum entspricht ebenfalls weitgehend dem Komponententausch. Die Komponenten werden wieder einzeln getauscht. Dementsprechend wird jeweils ein Versuch mit einer Einflußgröße (Komponente) auf der guten Wertstufe und allen anderen Einflußgrößen auf der schlechten Wertstufe ausgeführt und anschließend der gegensätzliche Versuch. Dieser zuletzt genannte Gegenversuch gilt als Bestätigung des ersten. Auf Grund der beim Komponententausch bereits gemachten Bemerkungen ist es zweckmäßig, die Einflußgrößen nach ihrer erwarteten Rangfolge zu ordnen. Erreicht man nämlich bei einer Einflußgröße eine komplette Umkehr des Ergebnisses von schlecht nach gut und von gut nach schlecht, hat man die wichtigste Einflußgröße gefunden, und der Versuch ist abgeschlossen. Oft wird dieser Rat nur zögernd angenommen. Da man sich viel Mühe bei der Auswahl der als wichtig erachteten Einflußgrößen gemacht hat, möchte man den Austausch **aller** Komponenten durchführen. Dies ist aber nach Erreichen einer totalen Umkehr von gut nach schlecht nicht erforderlich. Voraussetzung ist allerdings die "totale" Umkehr bei den zu vergleichende Einheiten. Findet man diese nicht, sind weitere Versuche unvermeidlich. Liegt man in der Einschätzung der Rangfolge richtig, so kann diese totale Umkehr der Ergebnisse beim ersten Tausch der Komponenten auftreten. Ist nur eine teilweise Verbesserung bzw. teilweise Verschlechterung zu erkennen, so handelt es sich um **eine** der wichtigen Einflußgrößen. Unwichtige Einflußgrößen sind dagegen an nahezu unveränderten Ergebnissen nach dem Tausch zu erkennen.

Hat man die richtige Reihenfolge bei der Wichtung der Einflußgrößen ausgewählt, kann man nach Auffinden der entscheidenden Einflußgröße den Versuch abbrechen. Dies gilt allerdings nur, wenn es wirklich nur eine wichtige Einflußgröße gibt. Die Anzahl der Versuche ist damit auf ein Minimum reduziert. Dieser Vorteil sollte bei der Abschätzung des Kostenaufwandes für Versuche nicht vernachlässigt werden. Wie an einem Fallbeispiel in Bild 9.28 zu erkennen ist, konnte hier der Versuch nach Austausch des Faktors B abgebrochen werden, da dieser Austausch zu einer kompletten Umkehr der Ergebnisse führte.

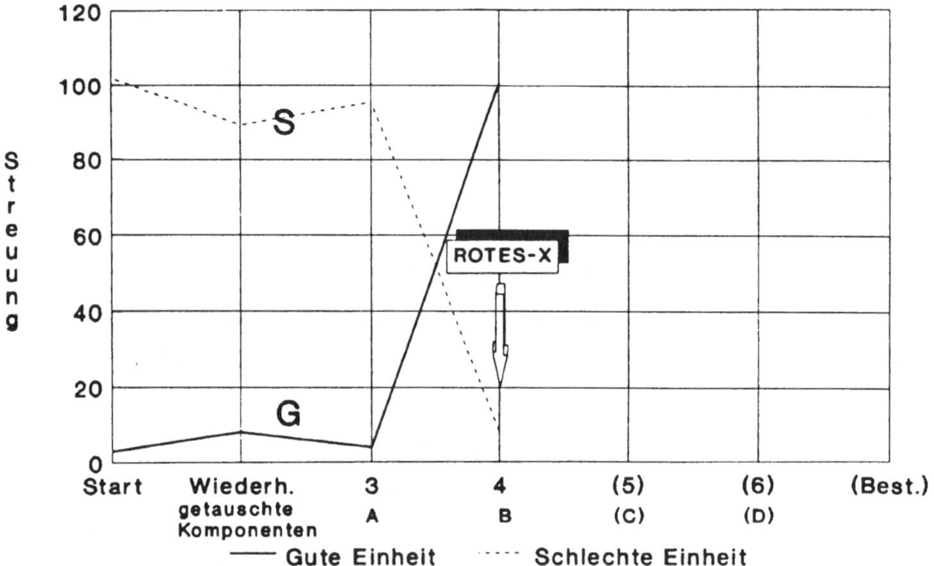

Bild 9.28
Variablenvergleich

In Bild 9.29 ist der Versuchsablauf beim Variablenvergleich nochmals in Form eines Flußdiagramms dargestellt. Wie man daraus erkennen kann, besteht kein grundsätzlicher Unterschied zum Komponententausch. Nur der erste Schritt ist unterschiedlich, da er den gezielten Zusammenbau einer guten und einer schlechten Einheit aus den entsprechenden Komponenten fordert. Alle anderen Aktivitäten sind gleich. Das Schema wird hier nur noch einmal gezeigt, um ein solches beim Versuch zur Hand zu haben.

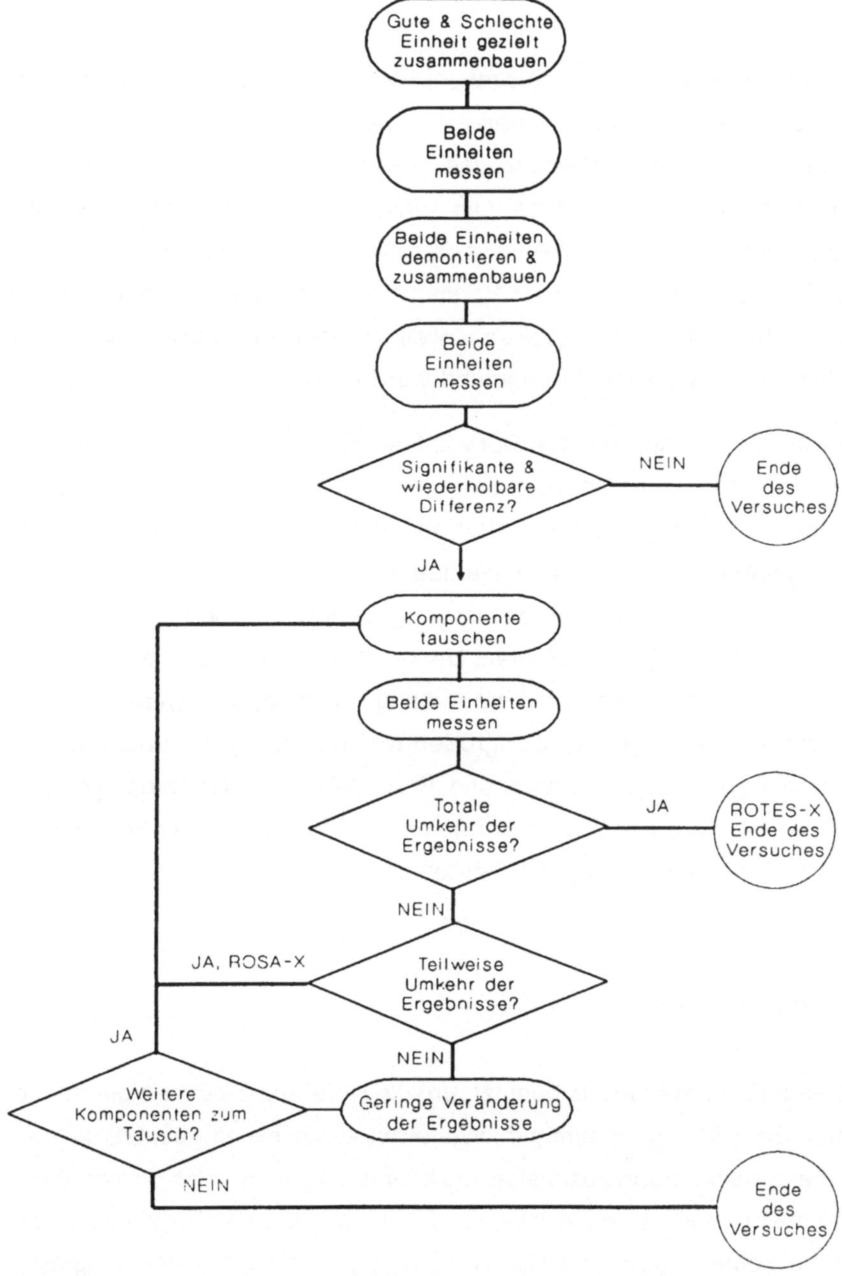

Bild 9.29
Variablenvergleich, Versuchsablauf

9.6.2.4 Vollständiger oder voll-faktorieller Versuch

Auf den voll-faktoriellen Versuch braucht hier nicht weiter eingegangen zu werden, da er bereits vorher detailliert behandelt wurde. Es ist aber zu wiederholen, daß er nach Meinung des Verfassers den Kern aller Shainin-Versuchsmethoden bildet und bei vier Einflußgrößen und weniger immer eingesetzt werden sollte, um alle Haupt- und Wechselwirkungen quantitativ zu bestimmen. Alle vorher genannten Versuchsmethoden haben eigentlich nur ein Ziel, die Anzahl der Einflußgrößen so weit zu reduzieren, daß mit dem Rest ein voll-faktorieller Versuch durchgeführt werden kann.

Die Empfehlung geht noch weiter. Der voll-faktorielle Versuch mit den wichtigsten Einflußgrößen, wenn erforderlich sogar auf drei Wertstufen, sollte stets als abschließender Bestätigungsversuch angewendet werden. Drei Wertstufen weisen gegebenenfalls auf Nichtlinearitäten hin, die dazu benutzt werden können, für Einflußgrößen Bereiche festzulegen, die zu größerer "Robustheit" — sprich Unempfindlichkeit — führen. Um die Kosten zu begrenzen, können die Wiederholungen auf ein Minimum reduziert werden, aber man sollte die Kombination aller wichtigen Einflußgrößen wenigstens einmal untersuchen. Die genaue Kenntnis von Haupt- und Wechselwirkungseffekten ist von unschätzbarem Wert, besonders wenn Aufwand und Ertrag einer Untersuchung einander gegenübergestellt werden sollen.

9.6.2.5 A zu B Analyse

Diese Methodik wurde bereits benutzt, um die Differenz zwischen guten und schlechten Einheiten zu bestimmen. Weiterhin wurde sie eingesetzt, um das Risiko einer Entscheidung abschätzen zu können. Sie kann auch für sich allein als Versuchsmethode benutzt werden. Dabei werden die Ergebnisse von Versuchen in einer parameterfreien Rangfolge geordnet. Aus der Rangfolge kann man ablesen, ob die guten Einheiten (B=Besser) sich deutlich von den schlechten (A=Aktuell) unterscheiden. Parameterfrei heißt, daß die Ergebnisse nur nach ihrer Rangfolge sortiert werden, ohne auf die dazwischenliegenden Differenzen zu achten. Der Vorteil dieser A zu B Analyse ist in der Reduzierung auf möglichst wenige Versuche zu sehen, wobei vielfach 6 Versuche (3 B's und 3 A's) ausreichen können, um bei einem vertretbaren Risiko (ca. 5%) zu einem erfolgversprechenden Ergebnis zu kommen. Der Abschätzung des Risikos liegen die Gesetzmäßigkeiten der Kombinatorik zugrunde. Aber auch ohne Kenntnis der Lehre der Kombinatorik (Wahrscheinlichkeitslehre) ist die Anzahl der auszuwählenden Einheiten und das zu tragende Risiko festzulegen. Will man neben dem relativen auch den absoluten Wert der Verbesserung bestimmen, so ist dies unter Benutzung von Tabellen möglich, die dem Buch /3/ entnommen werden können. Dieser letztgenannte Aufwand erübrigt sich in den meisten Fällen, da die Ergebnisse für sich sprechen.

Normalerweise geht man beim Vergleich von zwei Prozeßergebnissen so vor, daß man ca. 50 Teile je Prozeß entnimmt und diese prüft oder mißt. Die Ergebnisse werden statistisch ausgewertet, indem man den Mittelwert als Maß für die Lage und die Standardabweichung als Maß für die Streuung berechnet. Differenzen zwischen zwei Prozessen ergeben sich dann aus dem Unterschied dieser Verteilungen nach Lage und Streuung. Fragen nach Unterschied im Mittelwert bzw. in der Streuung sind somit schnell zu beantworten. Sind dagegen nicht genügend Ergebnisse vorhanden, oder der Aufwand dafür ist zu groß, dann kann in einem solchen Fall die A zu B Analyse helfen. Voraussetzung ist das Vorhandensein von nur einigen guten und einigen schlechten Teilen.

Die Vorgehensweise ist verhältnismäßig einfach zu erklären. Nach Festlegung eines akzeptablen Risikos (normalerweise 5%) wird die dafür notwendige Anzahl von Ergebnissen von A-Teilen (aktueller Prozeß, z.B. gleich 3) und von B-Teilen (vermutlich besserer Prozeß, z.B. gleich 3) bestimmt. Die Teile werden unter den vorher festzulegenden Bedingungen gefertigt, vermessen und ihrem Ergebnis nach in einer Rangfolge geordnet. Unter Anwendung der bereits genannten Regeln wird ermittelt, ob sich bei den B-Teilen eine deutliche Verbesserung eingestellt hat oder nicht. Man kann somit schon nach wenigen Ergebnissen die zu erwartenden Verbesserungen erkennen.

Diese Methodik kann auch benutzt werden, wenn man die Ergebnisse vor und nach Verbesserungsmaßnahmen einander gegenüberstellen und bewerten will. Ansonsten dient sie vor allen Dingen dazu, deutliche und wiederholbare Differenzen erkennen und bestimmen zu können, wie es im Abschnitt "Deutliche Differenzierung" bereits ausführlich geschildert wurde. Das eigentliche Ziel der statistischen Versuchsmethodik wird damit nicht erreicht, nämlich die **wichtigsten** Haupteinflußgrößen herauszufinden.

9.6.2.6 Streudiagramme

Die Streudiagramme haben eigentlich nur wenig mit der Versuchsmethodik zu tun. Sie sollen aber der Vollständigkeit halber als von Shainin benutzte Werkzeuge kurz erwähnt werden. Streudiagramme sind die Darstellung einer abhängigen von einer unabhängigen Variablen. Es wird mit ihrer Hilfe untersucht, welche Veränderungen eine (unabhängige) Variable Y zeigt, wenn eine (abhängige) Variable X geändert wird. Dabei ist an erster Stelle die Frage nach einer Korrelation zwischen diesen beiden Variablen von Interesse. Nur wenn diese besteht, ist eine weitere Interpretation möglich. Bild 9.30 zeigt die verschiedenen Möglichkeiten der Abhängigkeiten zwischen Y und X.

Es genügt manchmal schon eine im Bild als "unklare" Korrelation bezeichnete Abhängigkeit, um daraus auf die Wichtigkeit von Einflußgrößen schließen zu können. Vergleichen wir einmal die in Bild 9.31 einander gegenübergestellten Abhängigkeiten zwischen Y und X_A bzw X_B. Bei der auf der linken Seite dargestellten Verteilung erkennt man bei einem angenommen Wert für die unabhängige Variable X_A eine größere "senkrechte Streuung" der abhängigen Variablen Y, als bei der auf der rechten Seite gezeigten für X_B. Daraus kann man schließen, daß neben X_A noch einige andere Einflußgrößen wirksam sein müssen, die für diese Streuung verantwortlich sind. Im rechten Teil ist die senkrechte Streuung für einen bestimmten Wert der unabhängigen Variablen X_B viel geringer.

Positive Korrelation (A)

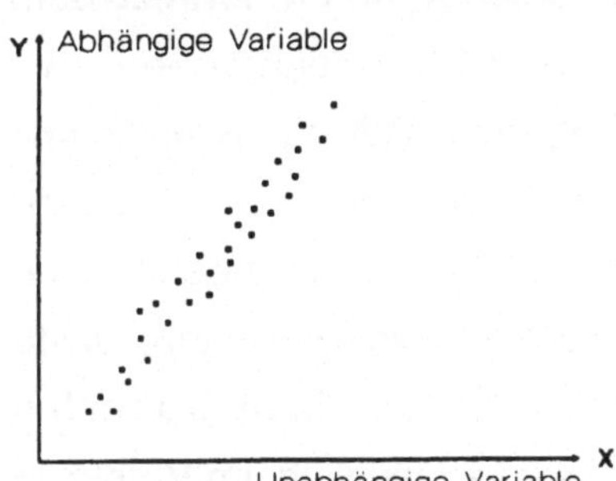

Unklare Positive Korrelation (B)

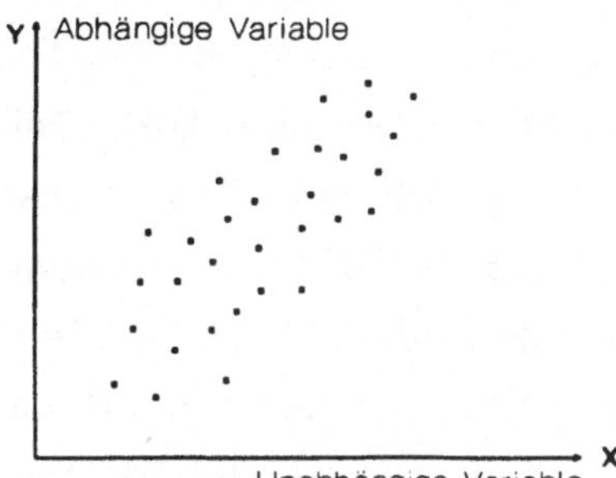

Negative Korrelation (C)

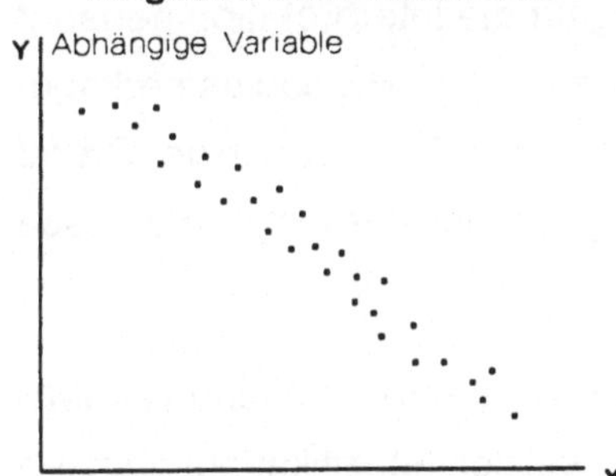

Keine Korrelation (D)

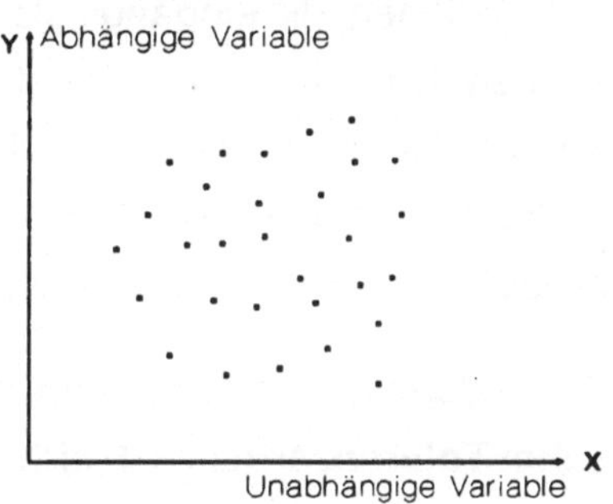

Bild 9.30
Möglichkeiten der Abhängigkeit zwischen Y und X

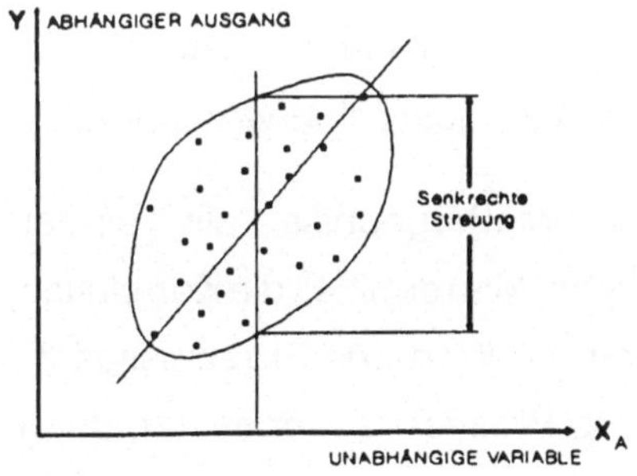

Y ABHÄNGIGER AUSGANG
Senkrechte Streuung
X_B
UNABHÄNGIGE VARIABLE

Bild 9.31
Streudiagramme

Ein Vergleich dieser beiden unabhängigen Variablen X_A und X_B führt zu dem Schluß, daß die im rechten Teil des Bildes untersuchte Einflußgröße B (X_B) wichtiger ist als die im linken Teil untersuchte Einflußgröße A (X_A). B muß somit einen größeren Einfluß auf die Gesamtstreuung haben, verglichen mit allen anderen Einflußgrößen. Je geringer die senkrechte Streuung ist, die sich ja nur infolge anderer Einflußgrößen als der untersuchten ergeben kann, desto wichtiger ist der Einfluß der dargestellten unabhängigen Variablen (Einflußgröße) auf die Gesamtstreuung. Dabei wird es möglich, im Vergleich die verschiedenen Einflußgrößen qualitativ zu wichten.

Korrelationen, die eingangs als Voraussetzung für die Interpretation genannt wurden, können nur auf Grund vieler (ca. 30 oder mehr) Ergebnisse erkannt werden, was diese Methode in ihrem Einsatz begrenzt. Das ist auch der Grund dafür, daß Shainin sie vor allem für die Bestätigung der Versuchsergebnisse im laufenden Betrieb empfiehlt.

Ein anderes Einsatzgebiet für Streudiagramme ist die Bestimmung **realistischer Toleranzen** (siehe Bild 9.32). Ausgehend von den Spezifikationsgrenzen kann eine realistische Toleranz für die unabhängige Variable ermittelt werden, die die Streuungen, hervorgerufen durch andere als die betrachtete Einflußgröße, mit in Betracht ziehen. Dies führt allerdings zu einem Ergebnis, bei dem die Ausgangsgröße die gesamte Spezifikation in Anspruch nimmt, vorausgesetzt man nutzt die realistische Toleranz voll aus. Mit anderen Worten, der Prozeßfähigkeitsfaktor c_p bzw. c_{pk} liegt bei dem im eigentlichen Sinne "unbefriedigenden" Wert von 1,0. Trotzdem sollte man nicht ausschließen, daß heute noch in der Praxis mit diesem Wert gearbeitet werden muß.

Mit dieser Methode läßt sich die Streuung der Meßergebnisse als Teil der Gesamtstreuung eines Prozesses berücksichtigen. Man ermittelt die Korrelation der Anzeige Y mit dem tatsächlichen oder wahren Wert des Ergebnisses X. Wird dieses Meßgerät zur Überwachung eines Prozesses eingesetzt, dann kann die realistische Toleranz, die es einzuhalten gilt, folgendermaßen bestimmt werden:

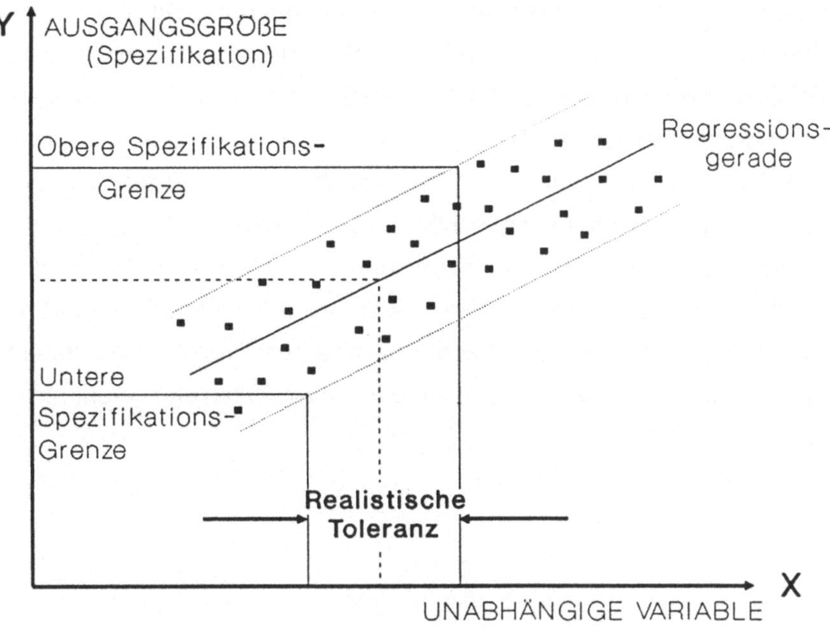

Bild 9.32
Streudiagramm zur Bestimmung der realistischen Toleranz

Man zeichnet eine Regressionsgerade durch die Punkte der Meßergebnisse und jeweils eine Parallele oberhalb und unterhalb dazu, die möglichst alle Ergebnisse einschließt. Auf der Y-Achse wird der Bereich der vorgeschriebenen Spezifikation eingetragen. Parallel zur X-Achse werden die Spezifikationsgrenzen als horizontale Linien eingetragen. Wo die obere Spezifikationsgrenze die oberhalb liegende Parallele zur Regressionsgerade schneidet, wird eine senkrechte Linie zur X-Achse gezogen. Das gleiche geschieht mit der unteren Spezifikationsgrenze und der unterhalb liegenden Parallelen. Auf der X-Achse ist dann der Bereich der realistischen Toleranz zwischen diesen beiden senkrechten Linien abzulesen. Die realistische Toleranz gibt den Bereich an, der einzuhalten ist, um sicher die vorgeschriebene Spezifikation einzuhalten. Es wird dabei die Streuung des Produktions- und des Meßprozesses berücksichtigt. Je größer die senkrechte Streuung infolge der Streuung der Meßergebnisse ist, desto kleiner wird der zugestandene Bereich auf dem Meßgerät, der dann noch für die Streuung des Produktionsprozesse zur

Verfügung steht. Die gleiche Aussage kann man auch mit der sogenannten Meßmittel-Fähigkeitsuntersuchung erhalten. Bei einer solchen Untersuchung wird die Streuung eines Meßgerätes bestimmt und der Streuung des Produktionsprozesses gegenübergestellt. Die Forderung ist: Meßmittelstreuung kleiner als 30% der Prozeßstreuung. Das hier dargestellte Ergebnis hat den Vorteil der grafischen Darstellung, schließt die Linearität des Meßgerätes mit ein und setzt keine Grenzen für das zu verwendende Meßgerät. Das Ergebnis stellt allerdings nur sicher, daß die Streuung der produzierten Teile innerhalb der vorgeschriebenen Toleranzgrenzen liegt, mit einem Prozeßfähigkeitsfaktor $c_p=c_{pk}=1$. Eine Mindestforderung, die heute in vielen Fällen nicht mehr akzeptiert wird.

10 Hinweise für die Auswahl der am besten geeigneten Versuchsmethode

Wie in der Darstellung der unterschiedlichen Methoden gezeigt wurde, haben Taguchi und Shainin entscheidend dazu beigetragen, die Statistische Versuchsmethodik für den Praktiker verständlich zu machen. Es gibt keinen Gegensatz zwischen Taguchis und Shainins Methoden, im Gegenteil, sie ergänzen sich in idealer Weise. Ihr gemeinsames Ziel ist es, die Anzahl der Versuche zu reduzieren, die bei einem voll-faktoriellen Versuch und vielen Einflußgrößen ins Unermeßliche steigen würden. Beide vertreten die Ansicht, daß man nicht von vornherein die Anzahl der Einflußgrößen beschränken und damit die Kreativität der Versuchsplaner einengen soll. Shainin ist vielleicht für den Praktiker etwas einfacher zu verstehen als Taguchi, aber im Prinzip geben beide uns praktische Möglichkeiten an die Hand, die für die Erreichung von Qualitätsverbesserungen von unschätzbarem Wert sind. Egal welche Methode man wählt, wichtig ist die Anwendung des in diesem Buch beschriebenen Ablaufs beim planmäßigen Vorgehen und die Auswahl der für jeden einzelnen Fall am besten geeigneten Versuchsmethode.

Sicher würde man gerne so oft wie möglich den voll-faktoriellen Versuch anwenden, um alle Haupt- und Wechselwirkungen bestimmen zu können. Aber die Verdoppelung der Versuche mit jeder zusätzlichen Einflußgröße setzt da Grenzen. Aus dem gleichen Grund ist auch die Anzahl der Wertstufen möglichst zu beschränken. So wird man in den meisten Fällen von einer linearen Abhängigkeit zwischen Ziel- und Einflußgröße ausgehen und nur zwei Wertstufen wählen. Dies gilt besonders für die Werkzeuge von Shainin, der nur den Vergleich zwischen zwei Wertstufen überhaupt zuläßt. Taguchi gibt einem da mehr Freiheit. Aber Wechselwirkungen, die man nicht von Anfang an einplant, werden nicht erkannt. Um vor Überraschungen geschützt zu sein, hilft nur der von beiden zwingend vorgeschriebene Bestätigungsversuch. Jede anfangs übersehene Wechselwirkung wird dabei offensichtlich.

Sowohl die Vorgehensweise, die Taguchi empfiehlt, als auch die von Shainin propagierten Versuchsmethoden sind in allen Phasen eines Produkt-Lebenszyklus einsetzbar. Während der Planung können Taguchis orthogonale Matrizen benutzt werden, um die wichtigsten Einflußgrößen und Wertstufen gezielt auszuprobieren und zu analysieren. Simulationsprogramme können entsprechend dieser Methode erstellt, ausprobiert und berechnet werden. Simulation setzt voraus, daß man sich ein mathematisches Modell der zu untersuchenden Einheit und der Abhängigkeit zwischen Zielgröße und Einflußgrößen schaffen kann. Dabei ist sicher die Frage nach dem Aufwand für eine solche Simulationsrechnung interessant. Vielleicht ist in den meisten Fällen eine voll-faktorielle Versuchsberechnung möglich, da Zeit- und Kostenaufwand gering sind.

Bei Shainin ist es der Variablenvergleich, der in der Entwicklungsphase eingesetzt wird. Prototypen, bei denen die wichtigsten Einflußgrößen (Komponenten) ganz gezielt geplant, erzeugt und zusammengebaut werden, stehen auf dem Programm. So gebaute "schlechte" und "gute" Prototypen können dann miteinander verglichen und bewertet werden.

Eine Demontage und erneuter Zusammenbau der Einheiten ohne Beschädigung der einzelnen Komponenten ist von Vorteil, da sonst für jede Kombination ein weiterer Prototyp gebaut werden muß und sich dadurch unbekannte Unterschiede zwischen der "guten" und "schlechten" Einheit einschleichen können. Das kann zu falschen Ergebnissen führen. Dies gilt natürlich auch für den voll-faktoriellen Versuch bzw. für die teil-faktoriellen Versuche nach Taguchi, wenn man nicht durch Wiederholungen entsprechende Vorsorge trifft.

Alle Versuchsmethoden sind während der laufenden Produktion anwendbar. Dabei ist zu beachten, daß aus Kosten- und Zeitgründen eine gewisse Begrenzung bei den Einflußgrößen und der Wahl der Wertstufen notwendig ist. Wählt man die Wertstufen der Einflußgrößen in einem "praktikablen" Bereich, sind die während des Versuchs hergestellten Einheiten alle mehr oder weniger verwendungsfähig. Dann spielt eigentlich nur die Zeit bis zum Abschluß der Versuche für die Begrenzung der Einflußgrößen eine Rolle. Die meisten Probleme in der betrieblichen Praxis bestehen in der nicht zufriedenstellenden Zentrierung zum Nominalwert und/oder in der zu großen Streuung. Werden bei den Versuchen in der laufenden Produktion nur Produkte erzeugt, die verkäuflich sind, kann die Untersuchung ganz anders durchgeführt werden, als wenn große Mengen außerhalb der Spezifikationen gefertigt werden müssen. Im letzten Fall ist eine Vollprüfung zwecks Sortierung erforderlich, und man muß alles daransetzen, die Versuche schnellsten abzuschließen, um möglichst wenig Ausschuß zu produzieren. Jede zusätzliche Einflußgröße, jede zu erwartende Wechselwirkung, jede weitere Wertstufe erfordert Mehraufwand und spielt deshalb bei der Auswahl der geeigneten Versuchsmethode eine große Rolle. In einem solche Fall ist Taguchis Vorgehensweise Shainins allmählicher Eingrenzung der wichtigen Einflußgrößen vorzuziehen, da sie schneller zum Ergebnis führt.

Es gibt somit keine generelle Regel zur Auswahl der Versuchsmethoden. Jeder Einzelfall muß für sich betrachtet und die am besten geeignete Versuchsmethode entsprechend ausgewählt werden. Darum werden auch in diesem Buch alle Methoden neutral einander gegenübergestellt und erklärt.

Es wären sicher noch viele Beispiele zu nennen, die die eine oder andere Vorgehensweise geeigneter erscheinen lassen. Darum ist es wichtig, sich vor Einführung der Statistischen Versuchsmethodik mit allen genannten Versuchsmethoden auseinanderzusetzen, um dann die beste für jeden Fall zu finden. Die Schulung des mit der Lösung des Problems befaßten Teams sollte sich aber auf die jeweils geeigneteste Methode beschränken. Mit anderen Worten, es muß in jeder Firma einen Spezialisten geben, der alle Methoden bestens kennt und nach Studieren des Problems die dafür am besten geeignete bestimmt. Im Zweifelsfalle kann das Team aus zwei oder maximal drei Methoden die beste auswählen, nachdem ihm die verschiedenen Möglichkeiten in einer Schulung vertraut gemacht worden sind. Das sollte aber auf Sonderfälle beschränkt bleiben, um Trainingsprogramme nicht zu sehr auszuweiten und unübersichtlich zu machen.

11 Versuchsdurchführung und Auswertung anhand von Beispielen

11.1 Allgemeines

Im folgenden Kapitel soll jede Versuchsmethode an Hand eines Beispiels erklärt werden. Es wird die in diesem Buch beschriebene Vorgehensweise benutzt, um die Systematik deutlich zu machen. Können bei Beispielen verschiedene Methoden angewendet werden, wird dieses auch getan. Damit kann man die universelle Anwendbarkeit deutlich machen und die Ergebnisse vergleichend betrachten.

Egal, ob Versuche in der laufenden Produktion oder im Labor durchgeführt werden, der Einsatz der sogenannten Versuchskarte (siehe Bild 11.1) hat sich in jedem Falle bewährt. Sie dient der Information über die Parameter jeden

Versuchskarte für Versuch-Nr: *4*		Stufe
Einflußgr.A:	*Typ des Werkzeuges*	*GT 100*
Einflußgr.B:	*Vorschub*	*0.02 mm/Umdr.*
Einflußgr.C:	*Drehzahl*	*3700 1/min*

Mach.-Nr.:*1023D* Name:*Schneider* Datum:*04/04/93* Uhrzeit:*10-30*
Ergebnis:*65 µm* Name:*Schneider* Datum:*04/04/93*
(oder siehe Rückseite)

Bild 11.1
Versuchskarte

Versuchs und zur Rückmeldung des Ergebnisses. Der gesamte Versuchsplan mit seiner Vielfalt von Kombinationen ist oft irreführend und unverständlich für den Mitarbeiter, der ihn durchzuführen hat. Mit der Karte erhält er die einzustellenden Kombinationen jedes Einzelversuches und kann sie am Ende mit dem Resultat vervollständigen. Ist der Mitarbeiter nicht in der Lage, die Ergebnisse zu messen, wird die Karte gemeinsam mit dem(n) Teil(en) in den Meßraum gegeben und dort das Ergebnis eingetragen. Weiterhin kann die Reihenfolge der Versuche (Randomisierung) durch mischen der Karten erreicht und vorgeschrieben werden. Eine lückenlose Dokumentation der Versuchsdurchführung mit allen notwendigen Daten ist damit möglich. Um die Produktion nicht unnötig zu stören, werden keine festen Termine vorgegeben, aber Datum, Uhrzeit, Maschinen-Nummer und Name des Mitarbeiters, der die Versuche bzw. die Messungen durchführt, wird auf der Karte vermerkt.

Das entbindet den Verantwortlichen nicht davon, die ordentliche Versuchsdurchführung zu überwachen. Am besten ist es aber, die ausführenden Mitarbeiter von Anfang an als Teammitglieder in die Planung mit einzubeziehen. Nur so können Fehler und Mißverständnisse vermieden werden. Zur Vereinfachung werden Untersuchungen oft auf Schichtbeginn oder -ende gelegt. das führt zu irregulären Ergebnissen. Es muß sichergestellt sein, daß die Versuche unter "normalen" Bedingungen während der laufenden Produktion ausgeführt werden. Dies sollte jedem am Versuch Beteiligten bewußt sein, sonst ist jeder Aufwand nutzlos. Kostenersparnisse, die man durch Akzeptanz einer solchen fehlerhaften Vorgehensweise zu erreichen meint, führen im Gegenteil zu einer Vergeudung von Mitteln da die Versuche statistisch gesehen mehr oder weniger wertlos sind. Die Statistik lehrt, jeder Einflußgröße die gleiche Chance zum Auftreten zu geben. Dies ist aber bei einer zeitlichen Einschränkung auf Schichtanfang oder -ende nicht gewährleistet.

11.2 One-by-one Faktor Methode

Wie eingangs erwähnt, soll der Vergleich zwischen den einzelnen Versuchsmethoden erleichtert werden, indem ich so weit wie möglich vom gleichen Problem ausgehe. Es handelt sich dabei um ein einfaches und gut nachzuvollziehendes Problem aus der spanabhebenden Fertigung.

11.2.1 Problembeschreibung

In einer Dreherei werden Drehteile hergestellt, die eine bestimmte Oberflächengüte, gemessen in R_a, haben müssen. Die Schwierigkeit ist nicht der Mittelwert der Rauhtiefe aller Teile, sondern die zu große Streuung der Einzelergebnisse. Der Mittelwert liegt gut innerhalb der Spezifikation, nur die zu große Streuung ist dafür verantwortlich, daß ein bestimmter Prozentsatz außerhalb der Toleranz produziert wird. Mitarbeiter aus Fertigung, Planung, Konstruktion und Einkauf bilden ein Team, um Gründe für die zu große Streuung zu finden.

11.2.2 Festlegung der charakteristischen Zielgröße

Da es in diesem Fall um die Streuung als Zielgröße geht, legt man die größte Differenz (Range) aus 10 Einzelwerten einer Versuchseinstellung als Zielgröße fest. Ziel ist es, einen möglichst geringen Range zu erreichen.

11.2.3 Auswahl der Einflußgrößen

Da man gerne möglichst viel Einflußgrößen berücksichtigen möchte, aber den Versuchsaufwand nicht zu groß machen will, fällt die Entscheidung schwer. Man einigt sich schließlich auf (4) vier Einflußgrößen, die die Streuung verändern können.

11.2.4 Bestimmung der Wertstufen

Die Wertstufen werden der täglichen Praxis entnommen, d.h., es werden die Grenzbereiche des normalen Einstellbereichs gewählt. Da die Wertstufen nicht weit auseinander liegen, kann man von einem linearen Verlauf des Zielwertes zwischen den Stufen ausgehen und kommt infolgedessen mit (2)zwei Stufen aus.

11.2.5 Festlegung der Einflußgrößen mit der Wertstufen

	Wertstufen	
Einflußgrößen	**(-) oder (1)**	**(+) oder (2)**
(A) Drehzahl	**4500 1/min**	**6000 1/min**
(B) Vorschub	**0,03 mm/Umdr**	**0,06 mm/Umdr**
(C) Kühlung	**ein**	**aus**
(D) Werkzeuglieferant	**A**	**B**

Bild 11.2
Einflußgrößen und Wertstufen

11.2.6 Festlegung der Reihenfolge der Versuche

Bei der One-by-One Faktor Methode kommt es nicht auf die Randomisierung der Reihenfolge an, da die Gesetzmäßigkeiten der Statistik keine Rolle spielen. So werden die Versuche in der Reihenfolge A/B/C/D der Einflußgrößen durchgeführt. Die Kombination der Einflußgrößen mit den entsprechenden Wertstufen und die erreichten Ergebnisse können aus Bild 11.3 entnommen werden.

Bei jedem Versuch ist gegenüber dem ersten Versuch eine mehr oder weniger deutliche Verbesserung zu erkennen. Das Ergebnis des 4. Versuchs ist etwas unklar. Man könnte annehmen, daß die Kühlung keinen großen Einfluß auf die

Versuchs Nr		A	B	C	D	Resultat
		Einflußgrößen				
	1	1	1	1	1	1,8µm
	2	(2)	1	1	1	1,1µm
	3	1	(2)	1	1	1,5µm
	4	1	1	(2)	1	1,7µm
	5	1	1	1	(2)	1,5µm

Bild 11.3
One-by-One Faktor Versuchsplan

Streuung der Oberflächengüte ausübt. Die optimale Kombination ergibt sich mit A2/B2/C2/D2 bzw. A+/B+/C+/D+. C wird auf die zweite (+) Stufe gelegt, da man sich bei dem geringen Einfluß der Kühlung eine Einsparung verspricht, wenn man ohne diese arbeitet.

11.2.7 Bestätigungsversuch und Auswertung

Ein danach durchgeführter Bestätigungsversuch erbringt für die Rauhigkeit einen Range von 1,4 µm. Dies ist enttäuschend, da man bereits beim 2. Versuch ein wesentlich besseres Ergebnis von 1,1µm erreicht hat und sich von der Kombination aller Veränderungen eine noch größere Verbesserung erhoffte. Um diesen Mißerfolg auf den Grund zu gehen und einmal die Statistische Versuchsmethodik anzuwenden, wird deshalb beschlossen, einen vollfaktorieller Versuch durchzuführen.

11.3 Voll-faktorieller Versuch

Auf die Problembeschreibung, Festlegung der Zielgröße, Eingriffsgrößen und Auswahl der Stufen brauche ich nicht noch einmal einzugehen. Die Kombination der verschiedenen Stufen der Einflußgrößen mit den gefundenen Ergebnissen geht aus Bild 11.4 hervor. Die Benutzung der Versuchskarte zur Information des Werkers, zur Randomisierung und zur Erfassung der Ergebnisse bewährt sich. Alle Versuche werden dokumentiert und die Resultate in den in Bild 11.4 gezeigten Versuchsplan übertragen. Die Berechnung der Haupt- und Wechselwirkungseffekte dauert etwas länger, aber ein selbstgeschriebenes Programm hilft bei der Auswertung und kann für weitere Versuche verwendet werden.

Versuchsplan

		Einflußgrößen				
		A	B	C	D	Resultate
	1	-	-	-	-	1,8µm
V	2	-	-	-	+	1,5µm
	3	-	+	-	-	1,5µm
e	4	-	+	-	+	1,3µm
r	5	-	-	+	-	1,7µm
	6	-	-	+	+	1,4µm
s	7	-	+	+	-	1,3µm
	8	-	+	+	+	1,4µm
u	9	+	-	-	-	1,1µm
c	10	+	-	-	+	1,5µm
h	11	+	+	-	-	0,7µm
	12	+	+	-	+	1,3µm
s	13	+	-	+	-	1,4µm
N	14	+	-	+	+	1,2µm
	15	+	+	+	-	0,9µm
r	16	+	+	+	+	1,5µm

Bild 11.4
Voll-faktorieller Versuchsplan

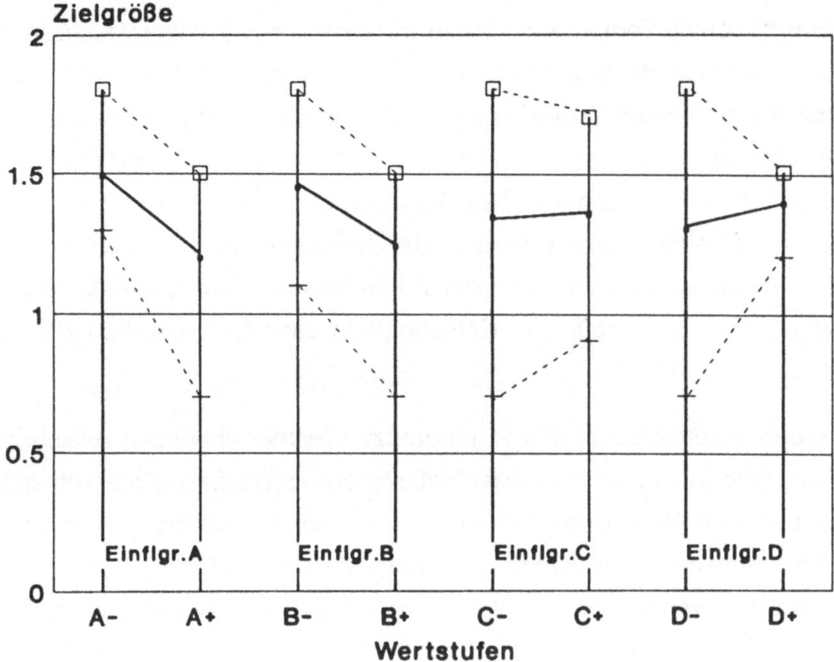

Bild 11.5
Grafische Darstellung der Haupteffekte

Zur besseren Darstellung werden die Ergebnisse grafisch aufgezeichnet. Dabei wird für die Haupteffekte die in Bild 11.5 gezeigte Form gewählt. Bekanntermaßen werden zur Auswertung der Haupteffekte immer alle Ergebnisse herangezogen. So ergibt sich der Mittelwert für A auf der 1.= (-)-Stufe aus dem Mittelwert der ersten acht Versuche. Entsprechend wird der Wert für A auf der 2. = (+)-Stufe aus den Ergebnissen der Versuche 9 bis 16 bestimmt. Genauso werden die Mittelwerte der anderen Einflußgrößen jeweils aus allen Ergebnissen berechnet.

Als zusätzliche Information sind auch für jede Stufe einer Einflußgröße die größten und kleinsten Werte eingetragen. Die Aussage über den Mittelwert reicht meist nicht aus, wenn nicht auch gleichzeitig die Streuung der Zielgröße mit angegeben wird. Dies erinnert an das oft belächelte Beispiel eines Menschen, der den Kopf im Eisschrank und die Füße im Ofen hat. Im

Durchschnitt ist seine Temperatur normal, nur fühlt er sich bestimmt nicht sehr wohl. Man erkennt an der Grafik in Bild 11.5, daß der optimale Mittelwert nicht immer mit der geringsten Streuung verbunden ist. Dies ist vor allem bei der Einflußgröße D zu beobachten. D auf der 1. = (-)-Stufe zeigt zwar im Mittelwert die geringste Streuung der bei 10 Teilen gemessenen Oberflächenrauhigkeit an, aber es ist eine große Streuung der Einzelversuchs-Ergebnisse zu erkennen. Etwas ähnliches tritt bei der Einflußgröße A auf. Deshalb ist es notwendig, vor einer endgültigen Entscheidung die Wechselwirkungen zu erfassen.

Dazu werden die Grafiken in Bild 11.6 benutzt. Wechselwirkungen zwischen der Einflußgröße B (Vorschub) und der Einflußgröße D (Werkzeuglieferant) und zwischen Einflußgröße A (Drehzahl) und D sind deutlich auszumachen. Um sie mit den Haupteffekten vergleichen zu können, ist eine Darstellung notwendig, die den Vergleich von beiden zuläßt. Dies ist aus Bild 11.7 zu entnehmen. Es

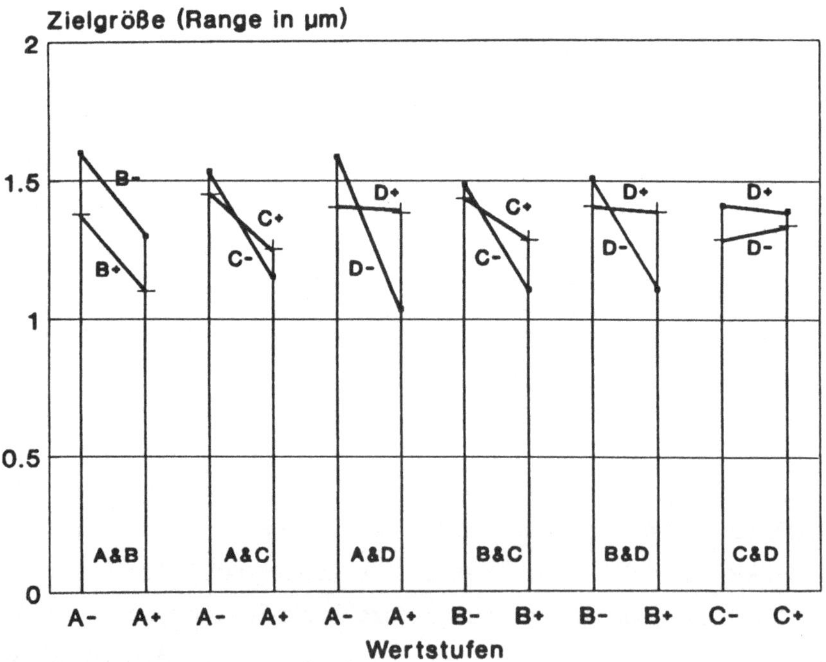

Bild 11.6
Grafische Darstellung der Wechselwirkungseffekte

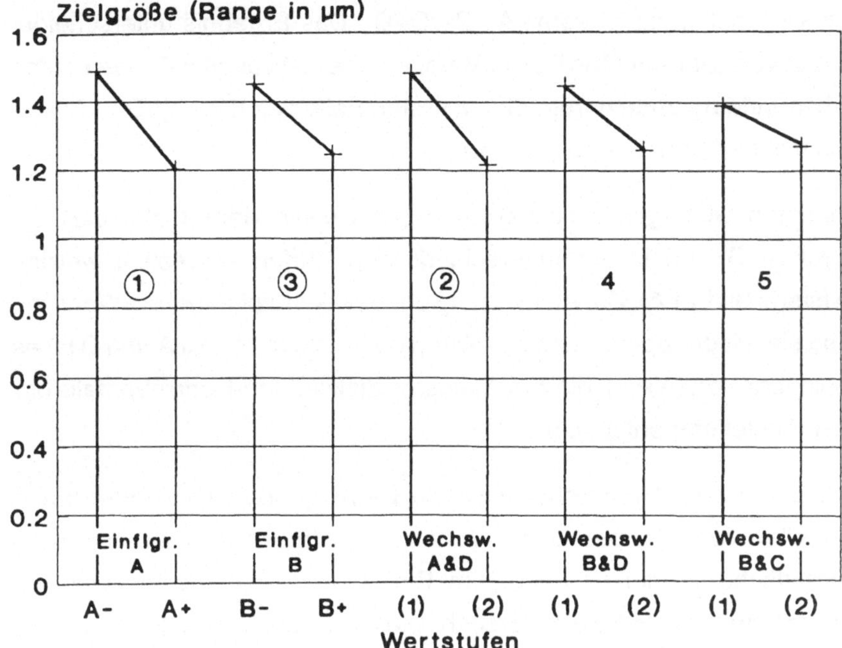

Bild 11.7
Grafische Darstellung der Haupt- und Wechselwirkungseffekte

werden die Durchschnitte der Ergebnisse aus den "gleichnamigen" Versuchen (z.B. B-C- und B+C+) denen aus den "ungleichnamigen" Versuchen (z.B. B-C+ und B+C-) gegenübergestellt. Diese Wechselwirkungseffekte können nun mit den Haupteffekten verglichen werden. (siehe Bild 11.7).

Man erkennt bereits aus der grafischen Darstellung, daß die Wechselwirkungseffekte von A&D und von B&D in der Größenordnung der Haupteffekte A bzw. B liegen. Die endgültige Wichtung von Haupt- und Wechselwirkungseffekten erfolgt in der Reihenfolge

1. Haupteffekt A = Drehzahl
2. Wechselwirkungseffekt B&D = zwischen Vorschub und Werkz.-Lieferant
3. Wechselwirkungseffekt A&D = zwischen Drehzahl und Werkz.-Lieferant

(4. Haupteffekt B = Vorschub)

Die optimale Einstellung ist somit A+/B+/C-/D-. Das Ergebnis unterscheidet sich deutlich vom One-by-One Faktor Versuch. Dies ist vor allen Dingen durch die Wechselwirkung zu erklären, die im ersten Falle des One-by-One Faktor Versuchs nicht erkannt werden konnte.

Die genannten wichtigen Wechselwirkungen weisen darauf hin, daß die Einflußgrößen B und D auf unterschiedlichen Stufen eingestellt werden müssen (siehe Bild 11.6). Die Auswertung der Grafik ergibt dabei die Wahl von (B+D-), da sie mit der optimalen Einstellung übereinstimmt. Bei A und D ist es die Kombination von (A+D-), die zum kleinsten Zielwert führt, und ebenfalls der optimalen Einstellung entspricht.

Ein Bestätigungsversuch ist nicht notwendig. Das Ergebnis ist, wie immer beim voll-faktoriellen Versuch, bereits aus Versuch Nr. 4 bekannt mit einem Range für die Oberflächenrauhigkeit von 0,7µm. Ein Wert, der weitaus besser ist als der aus dem One-by-One Faktor Versuch. Dieser Unterschied erklärt sich aus den nicht untersuchten Wechselwirkungseffekten.

Wem die grafische Lösung nicht genügt, der kann die in Bild 11.8 genannten Formeln benutzen, um Haupt- und Wechselwirkungseffekte zu berechnen. Eine oft verwendete Möglichkeit ist auch die in Bild 11.9 gezeigte Auswertungsmatrix. Man muß die Vorzeichen in den verschiedenen Spalten den Ergebnissen jedes einzelnen Versuchs zuordnen und die Summe pro Spalte errechnen. Diese Vorgehensweise entspricht den Formeln in Bild 11.8 unter der Voraussetzung, daß man die Summe pro Spalte durch 8 teilt, weil jeweils acht Ergebnisse der Summenbildung zugrundeliegen und daraus der Mittelwert berechnet werden muß. Selbstverständlich sind diese Werte bereits zum Zeichnen der Grafik notwendig gewesen. Die grafische Lösung wurde nur als erste vorgestellt, weil sie so informativ für jeden Ingenieur ist. Es hat sich in der Praxis immer bewährt, mit Grafiken zu arbeiten, weil sie auf einen Blick Unterschiede und Tendenzen erkennen lassen.

HAUPTEFFEKTE

$$A = \frac{\sum Y_{A+} - \sum Y_{A-}}{8}$$

$$B = \frac{\sum Y_{B+} - \sum Y_{B-}}{8}$$

$$C = \frac{\sum Y_{C+} - \sum Y_{C-}}{8}$$

$$D = \frac{\sum Y_{D+} - \sum Y_{D-}}{8}$$

Beispiel

$$\sum Y_{D+} = Y_2 + Y_4 + Y_6 + Y_8 + Y_{10} + Y_{12} + Y_{14} + Y_{16}$$

WECHSELWIRKUNGSEFFEKTE

$$AB = \frac{\sum Y_{AB+} - \sum Y_{AB-}}{8}$$

$$AC = \frac{\sum Y_{AC+} - \sum Y_{AC-}}{8}$$

$$AD = \frac{\sum Y_{AD+} - \sum Y_{AD-}}{8}$$

$$BC = \frac{\sum Y_{BC+} - \sum Y_{BC-}}{8}$$

$$BD = \frac{\sum Y_{BD+} - \sum Y_{BD-}}{8}$$

$$CD = \frac{\sum Y_{CD+} - \sum Y_{CD-}}{8}$$

Bild 11.8
Formeln für Haupt- und Wechselwirkungseffekte

	1	2	3	4	5	6	7	8	9	10	11	12	13	14	15	
Nr	A	B	C	D	AB	AC	AD	BC	BD	CD	ABC	ACD	ABD	BCD	ABCD	Erg.
1	-	-	-	-	+	+	+	+	+	+	-	-	-	-	+	Y_1
2	-	-	-	+	+	+	-	+	-	-	-	+	+	+	-	Y_2
3	-	+	-	-	-	+	+	-	-	+	+	-	+	+	-	Y_3
4	-	+	-	+	-	+	-	-	+	-	+	+	-	-	+	Y_4
5	-	-	+	-	+	-	+	-	+	-	+	+	-	+	-	Y_5
6	-	-	+	+	+	-	-	-	-	+	+	-	+	-	+	Y_6
7	-	+	+	-	-	-	+	+	-	-	-	+	+	-	+	Y_7
8	-	+	+	+	-	-	-	+	+	+	-	-	-	+	-	Y_8
9	+	-	-	-	-	-	-	+	+	+	+	+	+	-	-	Y_9
10	+	-	-	+	-	-	+	+	-	-	+	-	-	+	+	Y_{10}
11	+	+	-	-	+	-	-	-	-	+	-	-	-	+	+	Y_{11}
12	+	+	-	+	+	-	+	-	+	-	-	+	+	-	-	Y_{12}
13	+	-	+	-	-	+	-	-	+	-	-	+	+	+	+	Y_{13}
14	+	-	+	+	-	+	+	-	-	+	-	-	-	-	-	Y_{14}
15	+	+	+	-	+	+	-	+	-	-	+	-	-	-	-	Y_{15}
16	+	+	+	+	+	+	+	+	+	+	+	+	+	+	+	Y_{16}

Bild 11.9
Auswertungsmatrix für 4 Einfl.-Größen und 2 Stufen

Versuchsplan

		Einflußgrößen				
		A•	B•	C•	D•	Resultate
Versuchs Nr	1	-	-	-	-	1,8µm
	2	-	-	+	+	1,4µm
	3	-	+	-	+	1,3µm
	4	-	+	+	-	1,3µm
	5	+	-	-	+	1,5µm
	6	+	-	+	-	1,4µm
	7	+	+	-	-	0,7µm
	8	+	+	+	+	1,5µm

Bild 11.10
Versuchsplan, teil-faktoriell, 4 Einflußgrößen, 2 Stufen

Haupt- und Wechselwirkungen

		A•	B•	C•	A•&B•	A•&C•	B•&C•	D•	Resultat
Versuchs Nr	1	-	-	-	+	+	+	-	1,8µm
	2	-	-	+	+	-	-	+	1,4µm
	3	-	+	-	-	+	-	+	1,3µm
	4	-	+	+	-	-	+	-	1,3µm
	5	+	-	-	-	-	+	+	1,5µm
	6	+	-	+	-	+	-	-	1,4µm
	7	+	+	-	+	-	-	-	0,7µm
	8	+	+	+	+	+	+	+	1,5µm

Bild 11.11
Auswertungsmatrix, teil-faktoriell, 4 Einflußgrößen, 2 Stufen

11.4 Teil-faktorieller Versuch nach Taguchi

Nach Abschluß des voll-faktoriellen Versuchs soll das eingangs genannte Problem nun mit den von Taguchi empfohlenen orthogonalen Matrizen angegangen werden. Gehen wir davon aus, daß man aus wirtschaftlichen Gründen nicht bereit ist, die 16 Einzelversuche der voll-faktoriellen Matrix durchzuführen. Taguchi bietet uns dafür eine L8-Matrix an, die aus nur 8 Versuchen besteht und somit zu einer Halbierung des Aufwandes führt. Charakteristische Zielgröße, Einflußgrößen und Wertstufen werden nicht geändert. Die Kombination der Einflußgrößen mit den entsprechenden Wertstufen ist dem in Bild 11.10 gezeigten Versuchsplan zu entnehmen. Dabei sollte schon an dieser Stelle auf die in Bild 11.11 gezeigte Auswertungsmatrix hingewiesen werden. Sie entspricht der Auswertungsmatrix für einen voll-faktoriellen Versuch mit 3 Einflußgrößen auf zwei Wertstufen. Es ist deutlich zu erkennen, daß man eigentlich nur auf die Wechselwirkung höherer Ordnung zwischen A&B&C verzichten muß, da sie in diesem Falle durch die vierte Einflußgröße D besetzt wird. Es ist aber nicht nur der Verzicht auf diese Wechselwirkung, der die Reduzierung auf 8 Versuche ermöglicht. Es geht auch um die Inkaufnahme von Vermengungen von Haupt- und Wechselwirkungseffekten, die akzeptiert werden müssen, wie es bei der Besprechung der Methoden in Kapitel 9 bereits erwähnt wurde.

Die Versuche werden wieder mit Hilfe der Versuchskarte in randomisierter Reihenfolge vorgenommen. Die Ergebnisse sind hier zuerst einmal grafisch dargestellt. In Bild 11.12 sind die Haupt- und in Bild 11.13 die Wechselwirkungseffekte aufgezeichnet. Bild 11.14 ist dann eine Zusammenfassung der wichtigsten Haupt- und Wechselwirkungseffekte.

Das beste Ergebnis mit der geringsten Streuung ergibt sich zu

1. Haupteffekt B = Vorschub gemeinsam mit
   Wechselwirkungseffekt B&C = Wechselwirkung zwischen Vorschub und Kühlung.

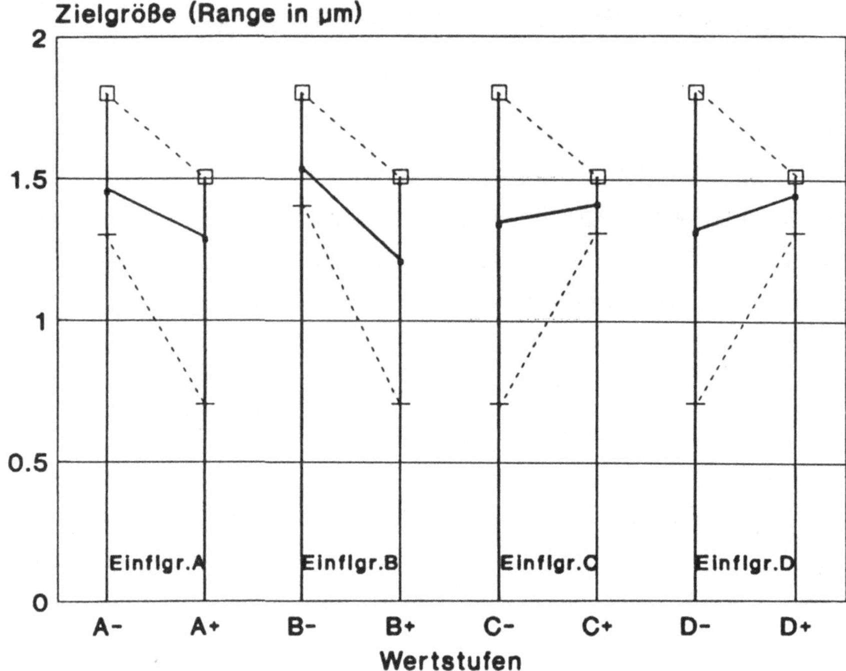

Bild 11.12
Grafische Darstellung der Haupteffekte

3. Wechselwirkung A&C = Wechselwirkungseffekt zwischen Drehzahl und Kühlung.

(4. Haupteffekt A = Drehzahl)

Die optimale Einstellung ist somit A+/B+/C-/D-; kein Unterschied zum Ergebnis des voll-faktoriellen Versuchs, obwohl die Reihenfolge der Wichtung eine andere ist. Die als wichtig vermuteten Wechselwirkungen sind richtig berücksichtigt, da sich A und B auf einer anderen Stufe befinden als C, so wie es aus Bild 11.13 am besten abzulesen ist.

Ein Bestätigungsversuch erübrigt sich, da die optimale Kombination als Versuch Nr. 7 zufällig mit eingebaut ist mit dem Ergebnis der Streubreite von 0,7µm für den Range der Oberflächengüte.

Das aus dem teil-faktoriellen Versuch abzuleitende Ergebnis entspricht dem des voll-faktoriellen Versuch. Durch die genannten Vermengungen wird der an

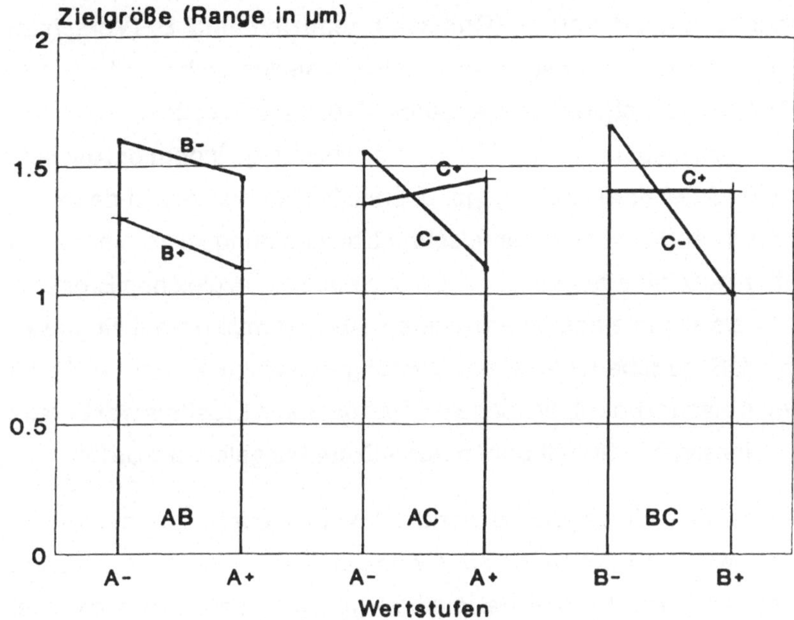

Bild 11.13
Grafische Darstellung der Wechselwirkungseffekte

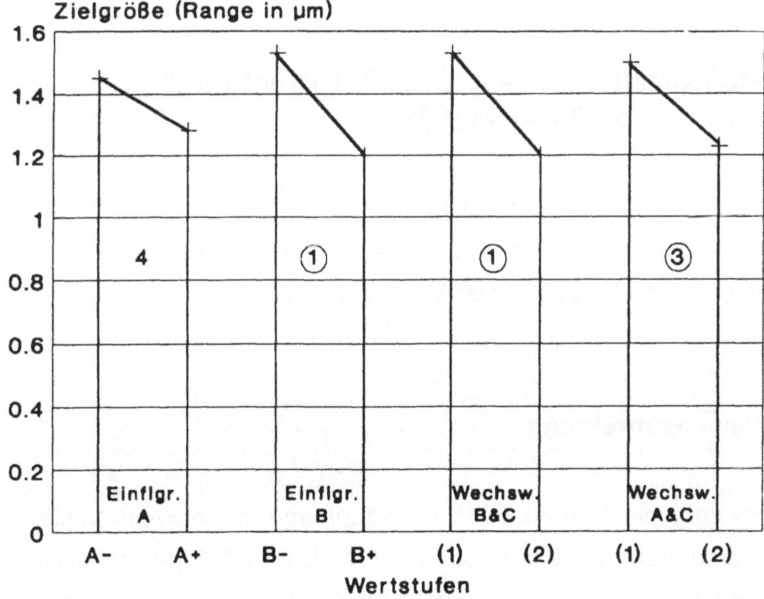

Bild 11.14
Haupt- und Wechselwirkungseffekte, Grafik

sich vorhandene Einfluß von A (Drehzahl) reduziert und B (Vorschub) überbewertet. Auch die Wechselwirkungseffekte stellen sich nicht in ihrer wahren Größe dar. Es bleibt jedem Anwender der Statistischen Versuchsmethodik überlassen zu entscheiden, welche Methode er bevorzugt, indem er Aufwand (Anzahl der Versuche) dem Risiko gegenüberstellt. Das Risiko liegt darin, bei verringertem Aufwand evtl. zu einer falschen Entscheidung zu kommen. Der hier beispielhaft geschilderte Fall, der in beiden Fällen zum gleichen Ergebnis führte, ist nicht als allgemeingültig anzusehen. Aber es muß darauf hingewiesen werden, daß gegebenenfalls ein Bestätigungsversuch dieses Risiko minimiert, der in diesem Fall nicht nötig war. Das optimale Ergebnis war bereits in einem der Einzelversuche mit dem besten Ergebnis getestet worden.

Es ist nicht das Ziel, durch die Anwendung verschiedener Methoden zu demonstrieren, wie man mit mehr oder weniger Versuchen zum gleichen Ergebnis kommen kann. Es soll beispielhaft gezeigt werden, wie die drei Methoden auf einen praktischen Fall anzuwenden sind und ausgewertet werden können.

11.5 Teil-faktorieller Versuch nach Taguchi mit innerer und äußerer Matrix

In einem Beispiel am Anfang des Buches ging es um ein Problem des täglichen Lebens. Es war ein Weg von Zuhause zur Arbeitsstätte zu finden, der es erlaubte, die dafür benötigte Zeit gut im Voraus abzuschätzen.

11.5.1 Problembeschreibung

Es war sehr schwierig, die Ankunftszeit vorauszuplanen, auch wenn ich stets zu einer ganz bestimmten Zeit von Zuhause losfuhr. Die Einflußgrößen, die ich selbst bestimmen konnte und die durch äußeren Umstände vorgegeben waren, führten zu den unterschiedlichsten Fahrzeiten. Dies war trotz Gleitzeit unbefriedigend, da Termine geplant werden mußten, die häufig auf die frühen Morgenstunden fielen.

11.5.2 Festlegung der charakteristischen Zielgröße

Zielgröße war **die** Fahrzeit zwischen Zuhause und der Arbeitsstätte, die sich am besten voraussagen ließ. Ziel war somit nicht die kürzeste Fahrzeit, sondern die Zeit mit der geringsten Variation infolge gewählter Einflußgrößen und nicht zu beeinflussender. Während der Versuche wurde die Zeit mit einer Stoppuhr gemessen. Die Uhr wurde bei der Abfahrt von Zuhause gestartet und bei Ankunft in der Firma gestoppt. Obwohl eine Stoppuhr mit 1/10 sec Einteilung zur Verfügung stand, wurde die Zeit auf die Minute abgerundet als Resultat erfaßt.

11.5.3 Auswahl der Einflußgrößen

Als Einflußgrößen kamen einmal die selbst zu bestimmenden Steuergrößen infrage. Da ist an erster Stelle der zu wählende Weg (A) zu nennen. Hier standen vier verschiedene Wege zur Auswahl (Q, R, S, und T), die sich in der Entfernung — gemessen in km — nur wenig voneinander unterschieden. Eine weitere Einflußgröße war die Startzeit (B). Nun sollte das nicht heißen, einmal vor bzw. nach dem Berufsverkehr loszufahren. Nein, die Variation lag in der normalen Abfahrtszeit, die aber in einem Bereich von ca. 30 min schwankte. Eine weitere Möglichkeit der bewußten Beeinflussung war die Fahrweise (C), die offensiv oder defensiv sein konnte.

Wechselwirkungseffekte wurden nicht erwartet und brauchten deshalb nicht mit eingeplant zu werden.

Andere Einflußgrößen konnten nicht gewählt werden, sie wurden durch die Umwelt vorgegeben, sogenannte Störgrößen. Da war einmal das Wetter (Y) mit seinem Einfluß auf die Straßenverhältnisse und das Fahrverhalten anderer

Verkehrsteilnehmer. Aber auch die Zeiten außergewöhnlich starken Verkehrs (Verkehrsdichte Z) bei Messen und Ausstellungen konnten Einfluß nehmen und die Fahrzeit entscheidend verlängern.

11.5.4 Bestimmung der Wertstufen

Nun galt es, für jede einzelne Einflußgröße die verschiedenen Wertstufen festzulegen.

Wegauswahl (A): Es standen vier verschiedene Wege (genannt Q, R, S und T) zur Auswahl, die alle zur täglichen Anfahrt benutzt werden konnten. Jeder schien seine Vorteile zu haben, aber ein genauer Vergleich der Fahrzeiten war ohne weiteres nicht möglich, da diese von Tag zu Tag sehr unterschiedlich waren. Entfernungsmäßig waren die Unterschiede im Bereich von weniger als 5%.

Startzeit (B): Wie eingangs bereits gesagt, ging es nicht darum, Startzeiten zu untersuchen, die weit außerhalb der gewohnten Abfahrtszeit lagen. Es gab nur einen gewissen Bereich, in dem die Abfahrtszeit variieren konnte. Bei den Versuchen wurden die Ergebnisse bewertet, bei denen der Start verhältnismäßig früh (Stufe 1) bzw. verhältnismäßig spät (Stufe 2) erfolgte. Es wurden, mit anderen Worten, von der normalen Variation (Verteilung) der Abfahrzeit nur die frühen und die späten bewertet. Eine Vorgehensweise, die häufig bei Versuchen angewendet wird, um Extreme besser zu erfassen.

Fahrweise (C): Die Stufen unterschieden sich in eine defensive (Stufe 1) und eine offensive (Stufe 2) Fahrweise. Die defensive Fahrweise bestand darin, daß ich fast nur eine, normalerweise die rechte Fahrspur, der meist zweispurigen Straße benutzte. Überholt, d.h. ein Fahrspurwechsel wurde nur dann vorgenommen, wenn es sich wirklich lohnte, wenn der vorausfahrende Verkehrsteilnehmer wirklich langsamer war und sich vor ihm genügend Platz zum Wiedereinscheren ergab. Mit anderen Worten, wenn es sich nicht um eine lange Schlange von hintereinander her fahrenden Fahrzeugen handelte. Die offensive Fahrweise hieß dagegen: Häufiges Wechseln der Spur, immer dann, wenn man den Eindruck hatte, daß sich die Fahrzeugkolonne der anderen Fahrspur schneller bewegte. Dabei ging es nicht um riskantes Wechseln, sondern um vorsichtiges Einfädeln in die andere Spur. Oft stellte sich heraus, daß man sich durch das Gefühl, in der falschen Schlange zu stehen, täuschen ließ.

Wetter (Y): Es wurde nur zwischen zwei Wetterstufen unterschieden. Zum einen Regen (Stufe 1), damit nasse Straßen, zum anderen kein Regen (Stufe 2), infolgedessen völlig trockene Straßenverhältnisse. Bei jedem Zweifel, der zwischen diesen beiden Wertstufen lag, wurde keine Bewertung der Fahrzeit vorgenommen, z.B. dann nicht, wenn es während der Fahrt anfing zu regnen.

Verkehrsdichte (Z): Die Bewertung war verhältnismäßig einfach. Die Zeit einer offiziellen Messe oder Ausstellung wurde mit einer Wertstufe (Stufe 1) bezeichnet, unabhängig von der Anzahl der Besucher oder der Größe der Messe. Die andere Wertstufe (Stufe 2) bezeichnete die dazwischenliegenden Zeiten. Zeiträume außergewöhnlich geringer Verkehrsdichte, z.B. Schulferien, wurden nicht dazu gerechnet, sie wurden völlig ausgeklammert, da es sich um Ausnahmefälle handelte und sie teilweise von mir für den eigenen Urlaub genutzt wurden.

11.5.5 Festlegung der Reihenfolge und Anzahl der Versuche

Die Reihenfolge der Versuche wurde völlig willkürlich gewählt. Aus der augenblicklichen Stimmung heraus wurden Weg und Fahrweise festgelegt. Die Abfahrtszeit ergab sich im Augenblick des Starts und somit mehr oder weniger zufällig. Die gemessene Zeitdauer wurde nur dann in die Auswertung übernommen, wenn es sich um eine frühe oder späte Startzeit handelte. Wetter und Verkehrsdichte hingen von den äußeren Umständen ab und wurden beim Aufschreiben der Daten mit erfaßt. Die Anzahl der Versuche pro Kombination war unterschiedlich. Zuerst wurden entsprechend der selbst gewählten Wertstufen und der gegebenen Störeinflüsse die Ergebnisse erfaßt. Später im Verlauf des Gesamtversuchs kam es vor, daß man einzelne Kombinationen, die entweder gar nicht oder nur sehr selten erfaßt worden waren, gezielt ausprobierte. Alle Werte, die unter gleichen Bedingungen (gleiche Versuchsnummer und Störgröße) gemessen worden waren, wurden durch Mittelwertbildung zusammengefaßt. Die Streuung von Einzelergebnissen innerhalb der gleichen Kombination von Einflußgrößen konnte nicht mit in die Auswertung einbezogen werden. Es wurde nur versucht, die Anzahl dieser Wiederholungen weitgehend konstant zu halten.

11.5.6 Versuchsmethode und Auswertung A

Die Anzahl der Versuchskombinationen wurde durch die Anwendung der inneren teil-faktoriellen Versuchsmethode mit orthogonaler Matrix auf acht beschränkt. Bei den zwei Störgrößen wurde für die äußere Matrix ein dem vollfaktoriellen Versuch entsprechender Aufbau gewählt. Bild 11.15 zeigt die von Taguchi propagierte Darstellung mit innerer und äußerer Matrix.

Die innere Matrix besteht aus den zu bestimmenden Einflußgrößen (A), (B) und (C), die äußere aus den Störgrößen (Y) und (Z). Die Anzahl der Versuche war somit auf 32 festgelegt. Zum besseren Verständnis sind in Bild 11.16 alle Einflußgrößen mit ihren Wertstufen nochmals zusammenfassend dargestellt.

Die grafische Darstellung der Ergebnisse ist Bild 11.17 zu entnehmen. Aufgezeichnet sind die Differenzen zwischen dem gemessenen Größt- und Kleinstwert (Range) der Wertstufen jeder einzelnen Einflußgröße. Die Größe der Differenzen, und damit die Bedeutung der Einflußgröße, kommt in der unterschiedlichen Steigung der Verbindungslinien zwischen den beiden Stufen deutlich zum Ausdruck. Man erkennt als wichtigste Einflußgröße die Wegauswahl (A). Fahrweise (C) und Startzeit (B) sind von untergeordneter Bedeutung auf die Zielgröße, in diesem Fall die "Differenz der Fahrzeiten". Wechselwirkungseffekte wurden nicht erwartet und konnten auf Grund der wenigen Versuchskombinationen der teil-faktoriellen Matrix auch nicht erfaßt werden. Bei dem in der dritten Wertstufe festgelegten Weg (Weg S) ergab sich eine durchschnittliche Streuung von nur 6 min, unabhängig von den Störgrößen Wetter (Y) und Verkehrsdichte (Z).

5 Einflußgrößen										
(4)/2 Stufen						Y	1	1	2	2
32 Resultate						Z	1	2	1	2
		A	B	e_1	C	e_2	a	b	c	d
Versuchs Nr	1	1	1	1	1	1	42	37	33	28
	2	1	2	2	2	2	38	33	30	27
	3	2	1	1	2	2	42	37	35	31
	4	2	2	2	1	1	40	34	37	29
	5	3	1	2	1	2	39	39	37	33
	6	3	2	1	2	1	38	33	36	32
	7	4	1	2	2	1	45	34	35	29
	8	4	2	1	1	2	44	32	33	26

Bild 11.15
Teil-faktorieller Versuch, innere und äußere Matrix

Einflußgrößen	Wertstufen			
(A) Wegauswahl	1 = Q	2 = R	3 = S	4 = T
(B) Startzeit	1 = früh		2 = spät	
(C) Fahrweise	1 = defensiv		2 = offensiv	
(Y) Wetter	1 = Regen		2 = Trocken	
(Z) Verkehrsdichte	1 = Messe		2= keine Messe	

Bild 11.16
Einflußgrößen und Wertstufen

Die optimale Kombination für die geringste Variation und damit für die am besten vorauszuschätzende Zeit ist:

A3/B2/C2

Mit anderen Worten der mit S bezeichnete Weg, die spätere Startzeit und die etwas offensivere Fahrweise ergeben die geringste Streuung in der Fahrzeit.

Interessenhalber sollte auch die Zielgröße "Fahrzeit" einmal statistisch ausgewertet werden, obwohl es beim Versuch eigentlich mehr um die Zielgröße "Range", d.h. die Veränderung der Fahrzeit ging. Das Versuchsergebnis mit der Zielgröße Zeit ist in Bild 11.18 dargestellt. Als wichtigster Haupteffekt tritt die Startzeit in Erscheinung (Einflußgröße B). Wegauswahl und Fahrweise spielen eine untergeordnete Rolle. Zusätzlich ist in die grafische Darstellung der Haupteffekte die Variationsbreite mit eingetragen. Es ist eine Bestätigung der aus Bild 11.17 abzulesenden Resultate des Ranges.

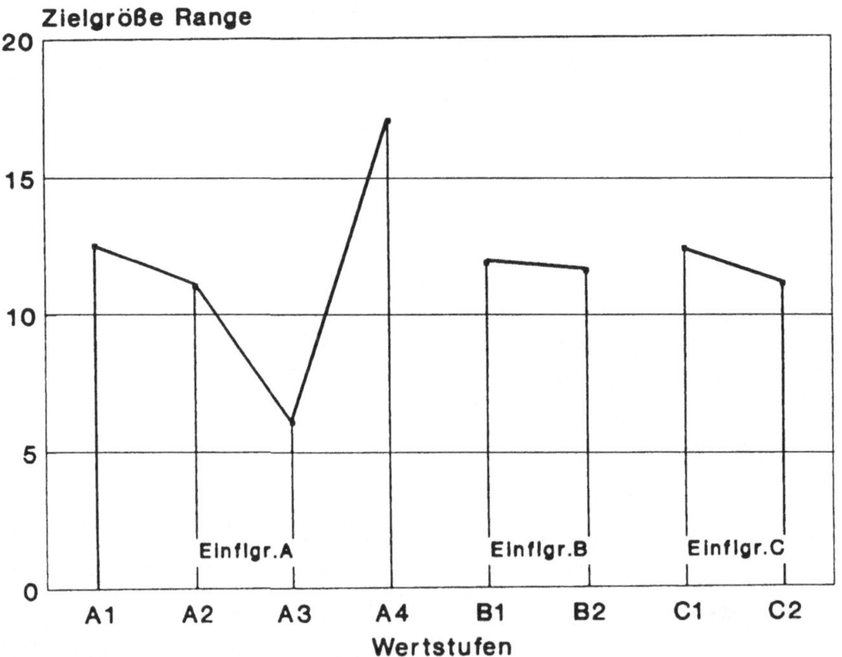

Bild 11.17
Grafische Darstellung der Haupteffekte

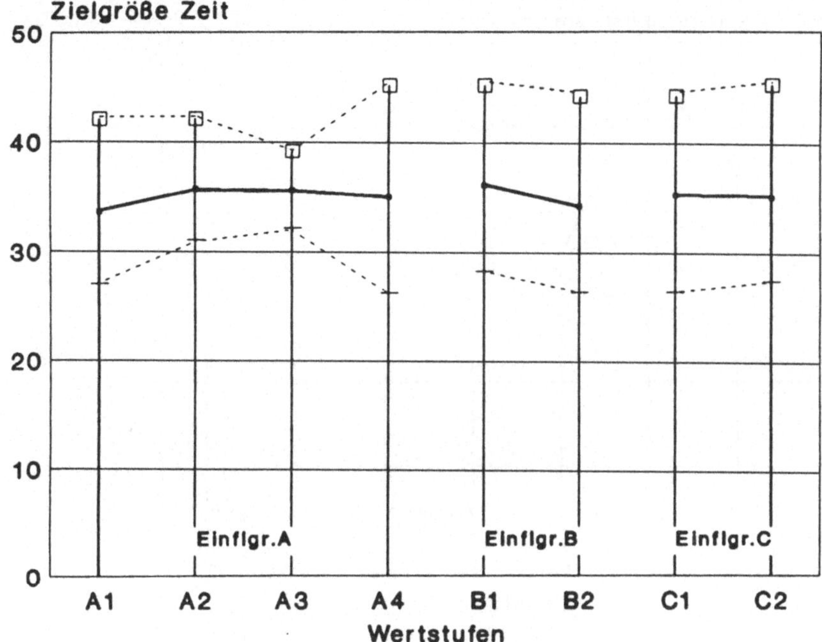

Bild 11.18
Grafische Darstellung der Haupteffekte

Versucht man trotz der geringen Unterschiede eine optimale Kombination für die kürzeste Zeit daraus abzulesen, so wäre dies

A1/B2/C?.

Dies entspricht dem mit Q bezeichneten Weg und ebenfalls der späteren Startzeit. Die Fahrweise C spielt keine Rolle. Wahrscheinlich würde man deshalb die defensive Fahrweise bevorzugen, da sie nervenschonender ist.

11.5.7 Auswertung B mit der Signal-Geräusch-Abstands Analyse

Da eingangs bei der Vorstellung der verschiedenen Methoden in Kapitel 9.4 auf Taguchis Signal-Geräusch-Abstands Analyse hingewiesen wurde, soll sie an Hand dieses Beispiels nochmals erläutert werden. Die Ergebnisse sind grafisch dargestellt in Bild 11.19 und 11.20.

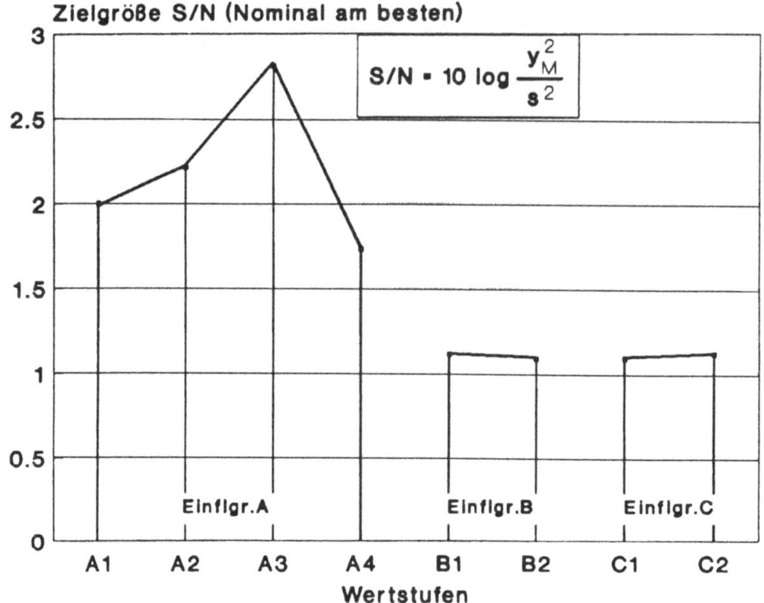

Bild 11.19
Grafische Darstellung der Haupteffekte

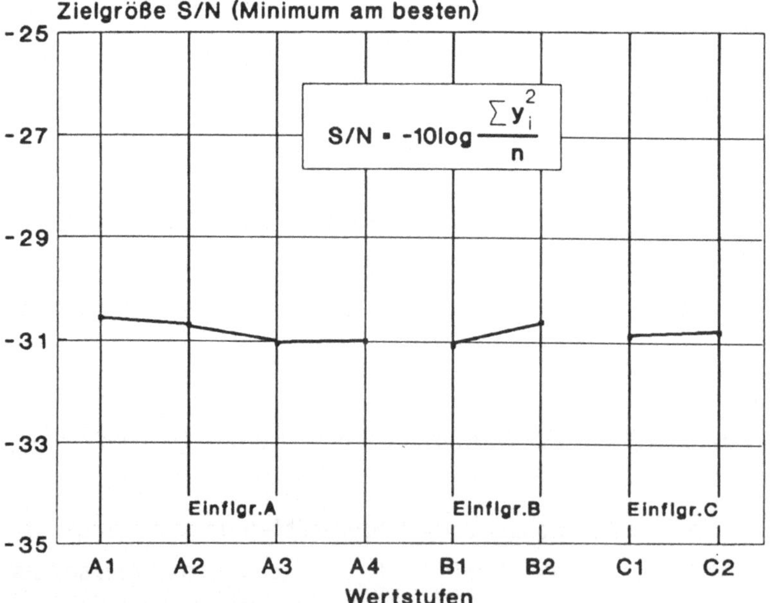

Bild 11.20
Grafische Darstellung der Haupteffekte

Ist das Ziel, eine möglichst geringe Streuung zu erreichen, dann wählt man die Formel für S/N (=Signal-Geräusch-Abstand) des besten Nominalwertes (siehe Bild 11.19). Mit anderen Worten, die Werte sollen nur sehr wenig um einen Zielwert streuen. Der Mittelwert y_M ergibt sich aus dem Mittelwert aller Ergebnisse der gleichen Kombination, z.B. für die erste Kombination aus dem Mittelwert von 42, 37, 33 und 28 = 35. Ebenfalls die unter dem Bruchstrich stehende Standardabweichung s = 5,94 wird aus diesen vier Ergebnissen berechnet. Eingesetzt in die genannte Formel erhält man für jede Kombination der Einflußgrößen einen S/N-Wert. Die weitere Vorgehensweise entspricht der Auswertung für die Zielgrößen Range oder Zeit. Man faßt S/N-Werte der verschiedenen Einflußgrößen bezogen auf die gleichen Wertstufen genau so zusammen wie bei allen anderen Auswertungen und erhält die in Bild 11.19 dargestellte Grafik der Zielgröße "S/N Nominal am besten".

Wie nicht anders zu erwarten, ergeben sich die gleichen Ergebnisse wie die in Bild 11.17 gezeigten. Da die größten S/N-Abstände dem Optimum entsprechen, ist der Verlauf der Grafiken spiegelbildlich zu 11.17. Allein für den Haupteffekt von (B) Startzeit scheint in dieser Auswertung die erste Stufe geringfügig besser zu sein. Bei dem insgesamt geringen Einfluß auf die Zielgröße ist das zu vernachlässigen. Der Haupteffekt von (C) Fahrweise wird im Vergleich zur ersten Auswertung als noch geringer beurteilt. Diese Unterschiede sind eine Folge der genaueren Berechnung der Streuung durch die Standardabweichung, haben aber nur eine mehr oder weniger akademische Bedeutung für das Gesamtergebnis.

Um auch hier einen Vergleich zur ersten Versuchsauswertung zu schaffen, soll die Ermittlung der kürzesten Fahrzeit aus der Signal-Geräusch-Abstands Analyse bestimmt werden. Dazu muß die Formel für "S/N = Minimum am besten" angewendet werden. Sie ist in Bild 11.20 noch einmal genannt. Die Werte für y_i sind die Ergebnisse jedes Einzelversuchs (Versuchs-Nummer). Mit n wird die Anzahl der Versuche bezeichnet, in diesem Fall i = 1...4. Eingesetzt in die Formel erhält man wiederum für jede einzelne Versuchskombination (Versuchs-Nr.) ein S/N Ergebnis. Die Auswertung ist grafisch in Bild 11.20 gezeigt. Die Steigung der die Ergebnisse verbindenden Geraden ist minimal und die Haupteffekte als Unterschiede zwischen den Stufen verschwindend gering. Es besteht im Prinzip kein Unterschied zu der in Bild 11.18 gezeigten Auswertung. Aus diesen Ergebnissen eine Minimierung der Fahrzeit abzulesen, ist somit nicht möglich, wie bereits bei der ersten Auswertung erwähnt.

Grundsätzlich muß allerdings gesagt werden, daß die Signal-Geräusch-Abstands Analyse häufig schneller zum besten Ergebnis führt, da sie beide Optimierungsziele — Zentrierung und Reduzierung der Streuung — in einer Auswertung zusammenführt. Die im Anfang etwas komplizierter erscheinende Berechnung kann durch den Einsatz eines Rechnerprogrammes, egal ob gekauft oder selbst geschrieben, vereinfacht werden.

Damit sind die Beispiele für den voll-faktoriellen und die nach der Taguchi-Methode durchgeführten Versuche abgeschlossen. Im folgenden Abschnitt sollen Beispiele gezeigt werden, die auf den von Shainin propagierten Methoden basieren.

11.6 Teil-faktorieller Versuch nach Taguchi für 4 Einflußgrößen auf 3 Wertstufen

Um den Begriff "Robustheit" an einem Beispiel zu erläutern, wird hier ein Problem beschrieben, bei dem alle vier Einflußgrößen auf drei Wertstufen untersucht werden. Nur wenn Nichtlinearitäten zwischen Einflußgröße und Zielwert vorhanden sind, kann ein robuster Bereich gefunden werden. Solche Nichtlinearitäten sind aber nur zu erkennen wenn drei oder mehr Stufen gewählt werden.

11.6.1 Problembeschreibung

Bei der Produktion eines Spritzgießteiles aus Kunststoff treten immer wieder Porositäten in Bereichen großer Materialanhäufung auf. Dies hat wiederholt zu Beanstandungen durch den Kunden geführt. Eine Änderung der Konstruktion, um diese Materialanhäufungen zu reduzieren, ist ausgeschlossen, da jede Änderung umfangreiche Freigabeversuche zur Folge hat, deren Kosten in keinem Verhältnis zum Ertrag stehen. Es werden deshalb Mitarbeiter aus den verschiedenen Bereichen (Konstruktion, Kundendienst, Entwicklung und Produktion) zusammengerufen und damit beauftragt, einen Versuch zur Verbesserung des Spritzgießprozesses zu planen und durchzuführen.

11.6.2 Festlegung der charakteristischen Zielgröße

Porositäten können eigentlich nur durch eine zerstörende Prüfung erkannt werden. Trotzdem entschließt man sich, das Schußgewicht in g (Gramm) als Zielgröße zu wählen. Bei der Ermittlung des Schußgewichtes werden alle Teile, die bei einem Abspritzvorgang erzeugt werden - einschließlich der Angußkanäle - gewogen. Die zu erwartenden geringen Unterschiede sollen durch sehr genaues Abwiegen unter labormäßigen Bedingungen und mehrere Wiederholungen der Versuche erfaßt werden. Zusätzlich werden zur Bestätigung der Ergebnisse zerstörende Prüfungen vorgesehen, bei denen Teile durchgeschnitten und unter dem Mikroskop auf Porositäten untersucht werden. Können Porositäten nicht ganz vermieden werden, so sollten sie doch auf ein Minimum reduziert werden.

11.6.3 Auswahl der Einflußgrößen

Das Team einigt sich nach längerer Diskussion auf vier Einflußgrößen. Hierbei spielt der zu erwartende Versuchsaufwand eine entscheidende Rolle, d.h., man ist sich von Anfang an im Klaren, daß eine Beschränkung notwendig ist. Man sucht nach Einflüssen, die sich besonders auf die Hohlstellen in bestimmten Bereichen beziehen. Diese Einflußgrößen werden durch das Team folgendermaßen bestimmt:

(A) Einspritzdruck,

(B) Nachdruckzeit,

(C) Höhe des Nachdrucks, und

(D) Einspritzgeschwindigkeit.

11.6.4 Bestimmung der Wertstufen

Man strebt nicht nur eine optimale, sondern auch eine robuste Lösung an, d.h. geringe Änderungen der Wertstufe sollen möglichst wenig Einfluß auf die Zielgröße haben. Diese robusten Bereiche können nur gefunden werden, wenn keine lineare Abhängigkeit zwischen Einflußgröße und Zielgröße besteht. Um aber nichtlineare Abhängigkeiten zu finden, sind mindestens drei (3) Wertstufen erforderlich. Die Wahl dieser Wertstufen ist nicht besonders schwierig, da man sich weitgehend der in der Praxis üblichen Werten bedient. Einzig die Realisierbarkeit der Kombinationen heißt es zu überprüfen. So muß z.B. die Frage beantwortet werden, ob bei den gewählten Drücken auch die entsprechende Einspritzgeschwindigkeit erreicht werden kann. Diese Überlegungen führen zu folgenden Wertstufen:

	1. Stufe	2. Stufe	3. Stufe
(A) Einspritzdruck	80 bar	100 bar	120 bar
(B) Nachdruckzeit	10 sec	13 sec	16 sec
(C) Nachdruckhöhe	70 bar	90 bar	110 bar
(D) Einspritzgeschwindigkeit	20 %	40 %	60 %

11.6.5 Festlegung der Reihenfolge und der Anzahl der Versuche

Wie eingangs bereits gesagt wurde, ist bei den zu erwartenden geringen Gewichtsunterschieden eine mehrfache Wiederholung der Versuche unvermeidlich. Man einigt sich auf vier Wiederholungen. Wiederholung heißt, jeweils eine erneute Durchführung aller Versuche in unterschiedlicher, zufällig ausgewählter Reihenfolge. Die bereits erwähnten Versuchskarten werden entsprechend ausgefüllt und zur Randomisierung benutzt. Auch wenn dadurch häufig die komplette Umstellung aller Einflußgrößen notwendig ist, will man nicht durch Verstöße gegen statistische Regeln den Erfolg des Versuches gefährden.

11.6.6 Versuchsmethode und Versuchsdurchführung

Bei vier Einflußgrößen auf drei Wertstufen errechnet sich die Anzahl für einen vollfaktoriellen Versuch aus $3^4 = 81$ Versuchen. Geht man von den gewählten 5 Versuchen (ein Originalversuch und vier Wiederholungen) aus, so ergäbe dies 405 Versuche. Diese Versuche in der laufenden Produktion durchzuführen ist unmöglich. Da keine Wechselwirkungen erwartet werden, wird die von Taguchi empfohlene Orthogonale Matrix L9(3^4)ausgewählt, wie sie in Bild 11.21 gezeigt wird. Damit reduziert sich die Anzahl der Versuche auf 9 mal 5 gleich 45. Dies erscheint dem Team zumutbar für die Fertigung, und so werden die Versuche durchgeführt. Da der Maschinenführer von Anfang an mit in die Planung einbezogen ist, kann von einer sorgfältigen Ausführung der Versuche ausgegangen werden. Die Ergebnisse sind im Bild 11.21 als Mittelwert aus 5 Resultaten hinter den einzelnen Versuchen angegeben. Die Berechnung der Haupteffekte erfolgt nach den gleichen Methoden wie bei einem zweistufigen Versuch, so wie es in Bild 11.23 dargestellt ist. Es werden jeweils die Ergebnisse der Versuche einer Einflußgröße auf derselben Stufe zusammengefaßt und der Mittelwert aus den drei Ergebnissen berechnet. Z.B. sind für die Einflußgröße B auf der ersten Stufe die Ergebnisse aus den Versuchen 1, 4 und 7 zu addieren und durch 3 zu dividieren, um den Mittelwert 9,26 g zu erhalten.

Die so ermittelten Versuchsergebnisse sind in Bild 11.22 grafisch dargestellt. Bei dieser Grafik wurde ausnahmsweise der Nullpunkt der Zielgröße unterdrückt, da sonst die Unterschiede kaum zu erkennen wären.

Versuchsplan

		Einflußgrößen					
		A	B	C	D	Ergebnis	Resultate
V	1	1	1	1	1	Y_1	9,21g
e	2	1	2	2	2	Y_2	9,40g
r	3	1	3	3	3	Y_3	9,45g
s	4	2	1	2	3	Y_4	9,18g
u	5	2	2	3	1	Y_5	9,43g
c	6	2	3	1	2	Y_6	9,51g
h	7	3	1	3	2	Y_7	9,38g
s N	8	3	2	1	3	Y_8	9,38g
r	9	3	3	2	1	Y_9	9,48g

Bild 11.21
Faktorieller Versuchsplan für 4 Einflgr. /3 Stufe

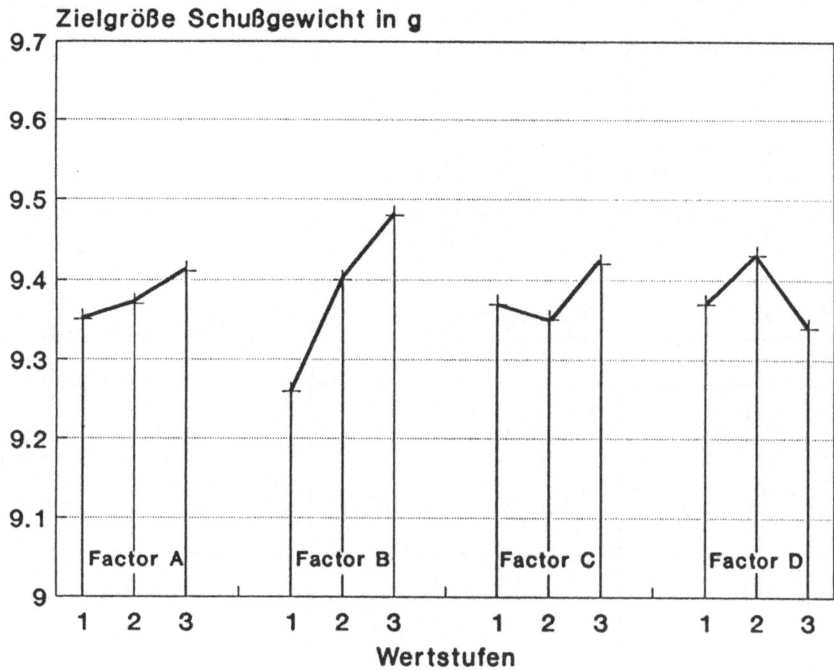

Bild 11.22
Grafische Lösung des faktoriellen Versuchs

11.6.7 Versuchsauswertung

Aus der grafischen Darstellung und den in Bild 11.23 aufgeführten Differenzen geht deutlich hervor, daß die Einflußgröße B (Nachdruckzeit) den größten Einfluß hat. Einflußgröße D (Einspritzgeschwindigkeit) hat einen geringen Anteil, während die Einflüsse von A (Einspritzdruck) und C (Nachdruckhöhe) verschwindend gering sind. Für optimale Ergebnisse wird A und B auf die dritte Stufe gesetzt. Auch die Wahl der Wertstufe bei der Einflußgröße D ist mit der zweiten einfach zu bestimmen. Anders sieht es bei der Einflußgröße C aus. Hier wird die Wertstufe 2 gewählt, da in diesem Bereich die Änderungen von C nur minimale Veränderungen der Zielgröße zur Folge haben. In der Nähe der zweiten Stufe handelt es sich somit um den "robusten" Bereich. Selbst wenn auf der dritten Wertstufe ein höheres Gewicht und damit verringerte Porosität

A1	A2	A3
$\frac{Y_1 + Y_2 + Y_3}{3} = 9{,}35$	$\frac{Y_4 + Y_5 + Y_6}{3} = 9{,}37$	$\frac{Y_7 + Y_8 + Y_9}{3} = 9{,}41$
B1	**B2**	**B3**
$\frac{Y_1 + Y_4 + Y_7}{3} = 9{,}26$	$\frac{Y_2 + Y_5 + Y_8}{3} = 9{,}40$	$\frac{Y_3 + Y_6 + Y_9}{3} = 9{,}48$
C1	**C2**	**C3**
$\frac{Y_1 + Y_6 + Y_8}{3} = 9{,}37$	$\frac{Y_2 + Y_4 + Y_9}{3} = 9{,}35$	$\frac{Y_3 + Y_5 + Y_7}{3} = 9{,}42$
D1	**D2**	**D3**
$\frac{Y_1 + Y_5 + Y_9}{3} = 9{,}37$	$\frac{Y_2 + Y_6 + Y_7}{3} = 9{,}43$	$\frac{Y_3 + Y_4 + Y_8}{3} = 9{,}34$

				Differenzen		
	Stufe 1	Stufe 2	Stufe 3	2 zu 1	3 zu 2	3 zu 1
A	9,35	9,37	9,41	0,02	0,04	0,06
(B)	9,26	9,40	9,48	0,15	0,08	0,22
C	9,37	9,35	9,42	-0,01	0,07	0,05
D	9,37	9,43	9,34	0,06	-0,09	-0,04

Bild 11.23
Haupteffekte und Differenzen zwischen Wertstufen

zu erwarten ist, wird diese nicht gewählt, da der Gesamteinfluß von C als unbedeutend eingestuft wird. Robustheit geht in diesem Falle vor Maximierung. Auch bei der Einflußgröße D gibt es einen robusten Bereich in der Nähe der zweiten Stufe. Hier fällt die Auswahl leicht, da man beides gleichzeitig erreicht, hohes Gewicht und größte Robustheit.

11.6.8 Bestätigungsversuch

Mit den genannten Einflußgrößen auf den festgelegten Wertstufen (A3;B3;C2;D2) wird ein Bestätigungsversuch durchgeführt. Das Ergebnis zeigt den erwarteten, additiven Effekt der Einflußgrößen von 9,59 g Schußgewicht, wie es in keinem der Versuche erreicht wurde. Dadurch wird weiterhin bestätigt, daß Wechselwirkungen keine Rolle spielen. Die mikroskopischen Versuche der geschnittenen Teile zeigen keinerlei erkennbare Porositäten in dem Bereich hoher Materialanhäufung. Der Versuch gilt als erfolgreich abgeschlossen. Die Ergebnisse führen zur Neufestlegung der Prozeßparameter für den Spritzgießprozeß. Eine laufende Prozeßüberwachung unter Einsatz von SPC (Statistischer Prozeßregelung) sichert dies auch für die Zukunft.

11.7 Multi-Vari Bild

11.7.1 Problembeschreibung

Beim Schleifen von Wellen einer bestimmten Abmessung ist die Gesamtstreuung des Durchmessers größer als die zulässige Toleranz. Der Prozeßfähigkeits-Faktor c_p ist wesentlich kleiner als 1, und somit müssen alle Teile 100%ig geprüft und sortiert werden. In einer Teamsitzung von Spezialisten aus den verschiedenen Bereichen kann man sich nicht auf die zu untersuchenden Einflußgrößen einigen. Ganz im Gegenteil — die Meinungen gehen weit auseinander. Die

Anzahl der genannten und vermuteten Einflußgrößen kann unmöglich innerhalb eines Gesamtversuches bewältigt werden. Zu ihrer Reduzierung wird deshalb ein Versuch nach der Multi-Vari Bild Methode vorgeschlagen, um die Einflußgrößen in Gruppen zusammenzufassen und die sich als unwichtig herausstellenden Gruppen von Einflußgrößen ausklammern zu können.

11.7.2 Festlegung der Zielgröße

Zielgröße ist die Streuung des Durchmessers der zu schleifenden Welle gemessen in ihrer Mitte. Unrundheit und Konizität werden zuerst nicht mit in die Messung einbezogen, sondern bleiben einem späteren Versuch vorbehalten.

11.7.3 Versuchsdurchführung

Eine qualitätsregelkarten-ähnliche Dokumentation der Ergebnisse wird vereinbart, so wie sie in Bild 11.24 gezeigt ist. Zu jeder vollen Stunde, wenn es notwendig sein sollte über mehrere Tage hinweg, werden jeweils fünf Teile vermessen. Die Ergebnisse der Messungen werden zusammengefaßt und, in der Reihenfolge der Herstellung geordnet, in das Multi-Vari Bild eingetragen. Die Gesamtstreuung des Prozesses liegt für den Durchmesser zwischen 35,01 und 35,09 mm. Nach eineinhalb Tagen ergibt sich das in Bild 11.24 dargestellte Ergebnis.

11.7.4 Versuchsauswertung

Da die "lagebedingte" Streuung nicht erfaßt wurde, konnte nur zwischen der "zyklisch" und der "zeitlich bedingten" Streuung unterschieden werden. Die zyklisch bedingte Streuung, in Bild 11.24 auch mit "Range bezogen auf die gleiche Uhrzeit" bezeichnet, machte nur ca. 30% der Gesamtstreuung aus. Die

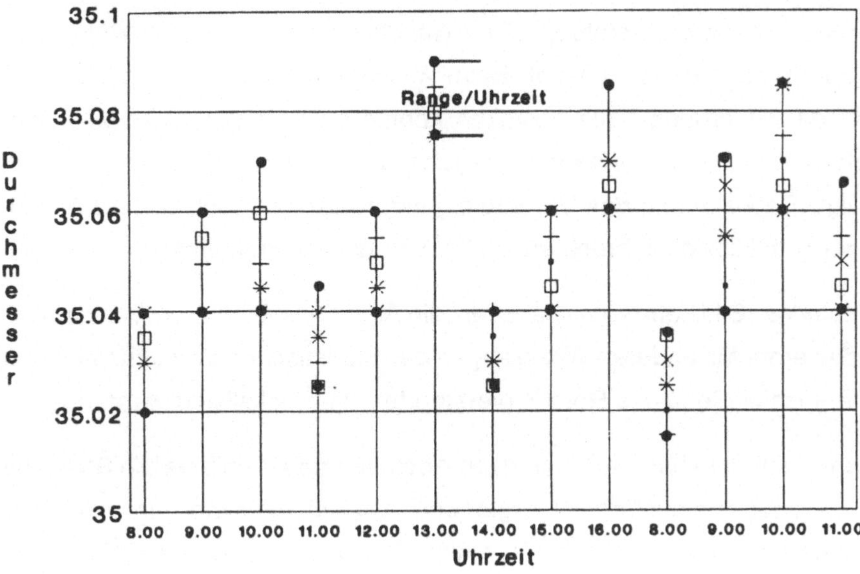

Bild 11.24
Multi-Vari Bild

restlichen 70% waren zeitlich bedingte Streuung, d.h. sie traten besonders in den von Zeit zu Zeit gefundenen Unterschieden der Durchmesser in Erscheinung. Ganz besonders fielen die Sprünge zwischen 10.00 und 11.00 Uhr und die zwischen 13.00 und 14.00 Uhr auf. Auch der Unterschied zwischen Ende der Schicht und Wiederbeginn am nächsten Morgen war außergewöhnlich groß. Am nächsten Tag trat der gleiche Sprung zwischen 10.00 und 11.00 Uhr erneut auf, deshalb wurde der Versuch beendet. Die zeitlichen Sprünge werden untersucht und man stellt fest, daß die Maschine in den oben genannten Zeiträumen abgestellt worden war, sie konnte somit abkühlen. Sowohl dies als auch der bei allen Stichproben zu beobachtende Trend weist auf ein Problem hin, das durch steigende Temperatur entsteht. Man ist nun in der Lage bei der eingeschränkten Anzahl von Einflußgrößen diese näher zu untersuchen, die einen solchen Temperaturanstieg verursachen. Unter diesen Einflußgrößen mußte dann das Rote-X oder die Rosa-Xs zu finden sein.

Man fand später heraus, daß sich die Kühlflüssigkeit während der Betriebszeit immer stärker erwärmte. Ursache war ein Filter, der sich während des

Betriebes zunehmend verstopfte. Dies war die Hauptursache, das Rote-X, für den "zeitlichen" Streuungsanteil. Beim Abschalten "reinigte" sich der Filter selbst, da die groben Teile absinken konnten. Mit Wiedereinschalten der Maschine und damit der Pumpe begann der Verstopfungsprozeß erneut. Ständige Beobachtung des Verunreinigunggrades und rechtzeitiges Wechseln der Kühlflüssigkeit brachten die Lösung dieses Problems.

Das Multi-Vari Bild hatte somit geholfen, die Anzahl der Einflußgrößen deutlich zu reduzieren. Mit anderen Werkzeugen der Statistischen Versuchsmethode konnte anschließend das Rote-X (verstopfter Filter) lokalisiert werden.

Es wäre auch denkbar, daß man nach Abstellen des Problems die Streuung des Durchmessers auf "lagebedingte" und "zyklisch bedingte" Einflußgrößen hin untersucht. Dazu müßte die Variation des Durchmessers durch Messen am Teil an verschiedenen Stellen und in verschiedenen Richtungen festgestellt und mit Hilfe des Multi-Vari Bildes untersucht werden. In einem solchen Fall sind die Anteile von Konizität und Unrundheit als "lagebedingte" Einflüsse mit ihren Auswirkung auf die Gesamtstreuung zu erkennen. Sie können dann nach Shainins Schema zum Auffinden des Roten-X usw. benutzt werden. Dies Erkennen und Abstellen solcher Einflüsse trägt wesentlich zur weiteren Reduzierung der Streuung bei.

11.8 Komponententausch

11.8.1 Problembeschreibung

Bei einem Automobilhersteller tritt plötzlich bei einem bestimmten Modell ein Geräusch auf, daß durch die Überlagerung zweier Schwingungen verursacht wird. Man bezeichnet so etwas als "Schwebung", die sich durch ein regelmäßig auf- und abschwellendes Geräusch bemerkbar macht und besonders stark in einem bestimmten Geschwindigkeitsbereich auftritt. Die Quelle des Geräuschs liegt offensichtlich im Hinterachsbereich, wo auch der Motors liegt. Bei Geschwindigkeiten zwischen 100 und 120 km/h macht es sich besonders laut bemerkbar. Es sind nicht alle Fahrzeuge dieses Typs betroffen, aber häufig die mit einer bestimmten Ausstattungsvariante.

Vom Management wird beschlossen, das Problem mit einem Versuch nach der Methode des Komponententauschs anzugehen und zu lösen.

11.8.2 Festlegung der charakteristischen Zielgröße

Geräusche werden von den Fahrzeuginsassen häufig ganz subjektiv erfaßt und beurteilt, deshalb soll es in diesem Fall wie vom Fahrer "gefühlt" in einer abgestuften Skala ausgedrückt werden. Diese Skala war schon häufiger eingesetzt worden, nämlich immer dann, wenn eine variable Meßgröße nicht zur Verfügung stand. Sie ist in Bild 11.25 gezeigt. In manchen Fällen wird das Wort "unmöglich" auch durch die Bezeichnung "katastrophal" ersetzt, um eine Steigerung des Wortes "unzumutbar" ausdrücken zu können.

10	8	6	4	2	0
Ausgezeichnet	Gut	Annehmbar	Nicht annehmbar	Unzumutbar	Unmöglich

Bild 11.25
Abgestufte Skala

11.8.3 Auswahl der Einflußgrößen und Reihenfolge

Ein Team von Fachleuten aus den verschiedenen Bereichen wird zusammengerufen und mit dem Problem konfrontiert. Geräusche bei Kraftfahrzeugen sind oft der Grund für Reklamationen, und so bilden sich in nahezu allen Bereichen Spezialisten heraus, die diese Problematik sehr gut kennen. Nach einigen Probefahrten setzt man sich zu einem Brainstorming zusammen, um die Einflußgrößen und auch die geschätzte Reihenfolge nach der Wichtigkeit zu bestimmen. Letztere ist besonders beim Komponententausch wichtig, um die Reihenfolge der Versuche festzulegen.

Da es sich um ein Geräusch handelt, das durch zwei Schwingungsquellen mit ähnlicher Frequenz hervorgerufen wird, werden Einflußgrößen (Komponenten) bestimmt, die an beiden Hinterrädern vorhanden sind. Aber auch der Motor, der zwischen den Hinterrädern liegt, wird mit einbezogen. Nach einer Diskussion einigt man sich auf folgende Einflußgrößen und Reihenfolge.

1. (A) Radlager
2. (B) Gleichlaufgelenke (Gelenke der Kardanwelle)
3. (C) Feder
4. (D) Stoßdämpfer
5. (E) Reifen mit Rädern
6. (F) Motor.

11.8.4 Bestimmung der Wertstufen

Es werden ein besonders ruhiges und ein besonders lautes Fahrzeug aus der laufenden Produktion ausgewählt. Dabei ergibt sich, daß beide Fahrzeuge unterschiedlicher Ausstattung haben, was aber bewußt in Kauf genommen wird. Falls diese Wertstufenauswahl nicht zu einer Lösung führt, kann man immer noch ein leises und ein lautes Fahrzeug gleicher Ausstattung miteinander vergleichen.

11.8.5 Versuche und Ergebnisse

Es werden drei Versuchsfahrer ausgewählt, die jede einzelne Kombination von Einflußgrößen (= Einzelversuch) fahren und ihren Eindruck mit der oben genannten Bewertungsskala ausdrücken sollen. Kommt man zu unterschiedlichen Ergebnissen, wird der Versuch wiederholt, bis alle drei Fahrer sich auf ein Ergebnis einigen können.

Beim ersten Einzelversuch, der Auswahl einer guten und einer schlechten Einheit, kommt es sehr schnell zu einer Einigung zwischen den beteiligten Versuchsfahrern. Die schlechte Einheit wird mit "unzumutbar" beurteilt. Anschließend werden beide Fahrzeuge so weit demontiert, daß alle Teile, die als Einflußgrößen ausgewählt worden sind, als Einzelteil vorliegen. Die Wiedermontage wird mit großer Sorgfalt ausgeführt, damit jedes Teil genau so wieder eingebaut wird, wie es vorgefunden worden war. Der zweite Einzelversuch ergibt das gleiche Resultat bei der schlechten Einheit, während die gute Einheit den Eindruck macht, als ob sie sich verschlechtert hätte. Die Einzelergebnisse können dem Bild 11.26 entnommen werden.

Bevor die Versuche fortgesetzt werden können, muß nun die Differenzen D und d zwischen guter und schlechter Einheit bestimmt werden, um zu erkennen, ob es sich um einen signifikanten und wiederholbaren Unterschied

Versuch	getauscht. Komponent.	"Gute" Einheit	"Schlechte" Einheit
1 Start		$Alle(G)_1$ = 10	$Alle(S)_1$ = 2
2 Wiederh.		$Alle(G)_2$ = 8	$Alle(S)_2$ = 2
3	A	A(S)R(G) = 10	A(G)R(S) = 2
4	B	B(S)R(G) = 8	B(G)R(S) = 4
5	C	C(S)R(G) = 10	C(G)R(S) = 4
6	D	D(S)R(G) = 8	D(G)R(S) = 2
7	E	E(S)R(G) = 2	E(G)R(S) = 8
8	F	F(S)R(G) = 10	F(G)R(S) = 4
9 Bestätig.	D&G	D(S)G(S)R(G) = 2	D(G)G(G)R(S) = 10

R = Restliche Komponenten

$$D = \frac{G_1 + G_2}{2} - \frac{S_1 + S_2}{2} = \frac{10 + 8}{2} - \frac{2 + 2}{2} = 9 - 2 = 7$$

$$d = \frac{G_1 - G_2}{2} + \frac{S_1 - S_2}{2} = \frac{10 - 8}{2} + \frac{2 - 2}{2} = 1 - 0 = 1$$

Bild 11.26
Komponententausch, Versuchssystematik

zwischen guter und schlechter Einheit handelt. Die Berechnung von D und d ist mit den Ergebnissen der Einzelversuche in Bild 11.26 wiedergegeben. Das Verhältnis von D/d = 7 erfüllte die Voraussetzung, größer als 5 zu sein. Der Unterschied ist somit "signifikant und wiederholbar", und die Einzelversuche können fortgesetzt werden. Der Austausch der Radlager, der mit allergrößter Vorsicht vorgenommen werden, bringt kein unterschiedliches Ergebnis zum Ausgangszustand, außer der "verbesserten" Bewertung der guten Einheit. Die Bewertung der Einzelversuche kann am besten aus der in Bild 11.27 gezeigten grafischen Darstellung abgelesen werden. Um die Radlager nicht durch einen weiteren Wechsel zu gefährden, werden sie nicht wieder zurückgetauscht. Dies ist für den Fall einer unwichtigen Einflußgröße ausnahmsweise statthaft.

Für Einzelversuch Nr. 4 werden dann die Gleichlaufgelenke getauscht. Dabei ändert sich die Bewertung für beide Einheiten. Die schlecht Einheit wurde besser und die gute Einheit schlechter eingestuft. Die Gleichlaufgelenke scheinen einen Einfluß zu haben, sie werden deshalb vorsorglich mit einem Rosa-X gekennzeichnet.

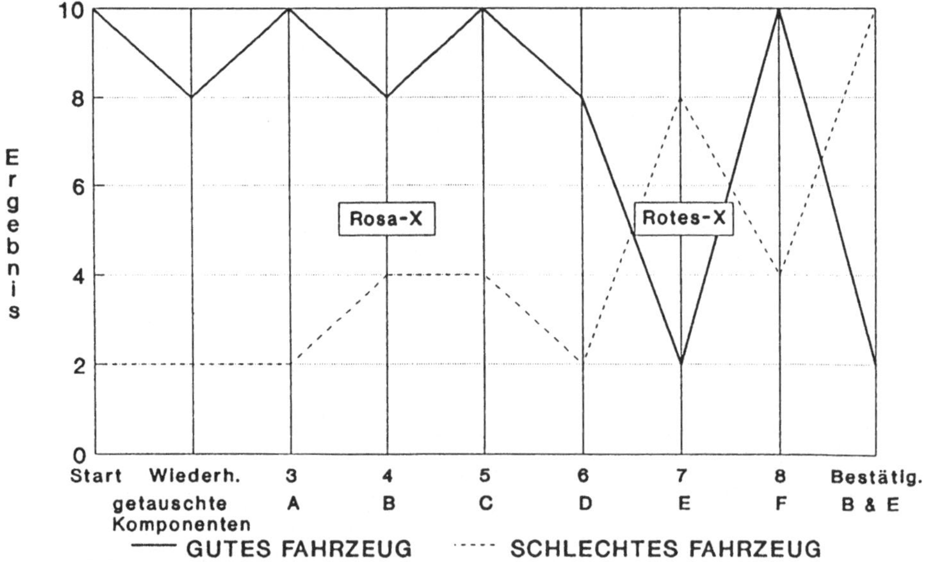

Bild 11.27
Komponententausch, Grafik

Nach Rücktausch der Gleichlaufgelenke erfolgt der Austausch der Federn und danach der Stoßdämpfer. In beiden Fällen führt dies zu keiner einheitlichen, d.h. in der grafischen Darstellung aufeinander zugehenden Veränderung. Federn und Stoßdämpfer werden deshalb als unwichtige Einflußgrößen eingestuft. Trotzdem erfolgt nach jedem Einzelversuch ein Rücktausch dieser Teile in den Ausgangszustand.

Erst Versuch Nr. 7, Austausch der Räder einschließlich der Reifen, bringt nahezu eine Umkehr der Ergebnisse. Die gute Einheit mit den Rädern der schlechten wird als "unzumutbar" eingestuft, während die schlechte Einheit mit den guten Rädern als "gut" von den Versuchsfahrern beurteilt wird. Das Rote-X scheint gefunden zu sein, auch wenn es nicht zu einer **totalen** Umkehr der Ergebnisse führt.

Da der Gesamtversuch schon so weit fortgeschritten ist, soll auch noch die letzte Einflußgröße untersucht werden. Die Motoren werden getauscht. Das Ergebnis entspricht mehr oder weniger dem Ausgangszustand. Der Motor hat keinen Einfluß auf das Geräusch.

Zur Bestätigung werden nun die Gleichlaufgelenke und die Räder ausgetauscht. Von allen Versuchsfahrern wird die ehemals gute Einheit als "unzumutbar" und umgekehrt die ehemals schlechte Einheit als "ausgezeichnet" bewertet. Der Versuch ist beendet. Es sollen nur noch der quantitative Anteil der Haupt- und evtl. vorhandene Wechselwirkungseffekte berechnet werden.

Das Schema und die Berechnung gehen aus Bild 11.28 bis 11.31 hervor. Bild 11.28 zeigt die Zuordnung der Einzelergebnisse zu den Wertstufen der beiden Einflußgrößen B = Gleichlaufgelenk und E = Reifen. Die Mittelwertberechnung der Kombinationen kann man mit Hilfe von Bild 11.29 nachvollziehen. Aus den Mittelwerten werden die Haupteffekte von B und E und die Wechselwirkung zwischen diesen beiden Einflußgrößen berechnet. Das Ergebnis bestätigt die Analyse der Grafik. Der Haupteinfluß von E (Räder und Reifen) ist ca. sechsmal größer als der von B (Gleichlaufgelenke). Die Wechselwirkung zwischen beiden spielt eine untergeordnete Rolle.

	E(S)	E(G)
B(S)	Alle(S) 1 / Alle(S) 2 A(G)R(S) / C(G)R(S) D(G)R(S) / F(G)R(S) B(S)E(S)R(G) Y_1 = Mittelwert	E(G)R(S) B(S)R(G) Y_3 = Mittelwert
B(G)	B(G)R(S) E(S)R(G) Y_2 = Mittelwert	Alle(G) / Alle(G) A(S)R(G)1 / C(S)R(G)2 D(S)R(G) / F(S)R(G) B(G)E(G)R(S) Y_4 = Mittelwert

Bild 11.28
Komponententausch, Quantitative Analyse

	E(S)	E(G)
B(S)	2 / 2 2 / 4 2 / 4 2 Y_1 = 2,3	8 8 Y_3 = 8
B(G)	4 2 Y_2 = 3	10 / 8 10 / 10 8 / 10 10 Y_4 = 9,4

Bild 11.29
Komponententausch, Quantitative Analyse

$$\text{Hauptwirkung: B} = \frac{Y_2 + Y_4}{2} - \frac{Y_1 + Y_3}{2}$$

$$\text{Hauptwirkung: E} = \frac{Y_3 + Y_4}{2} - \frac{Y_1 + Y_2}{2}$$

$$\text{Wechselwirkung: B\&E} = \frac{Y_1 + Y_4}{2} - \frac{Y_2 + Y_3}{2}$$

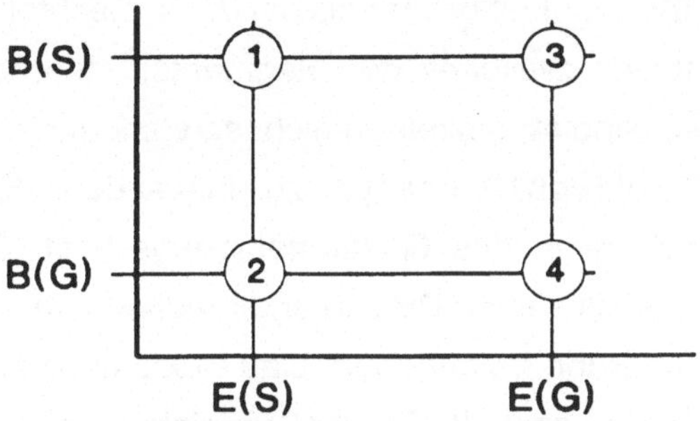

Bild 11.30
Komponententausch, Berechnung der Effekte

$$\text{Hauptwirkung: B} = \frac{3 + 9{,}4}{2} - \frac{2{,}3 + 8}{2} = 6{,}2 - 5{,}15 = \underline{1.05}$$

$$\text{Hauptwirkung: E} = \frac{8 + 9{,}4}{2} - \frac{2{,}3 + 3}{2} = 8{,}7 - 2{,}65 = \underline{6.05}$$

$$\text{Wechselwirkung: B\&E} = \frac{2{,}3 + 9{,}4}{2} - \frac{3 + 8}{2} = 5{,}85 - 5{,}5 = \underline{0.35}$$

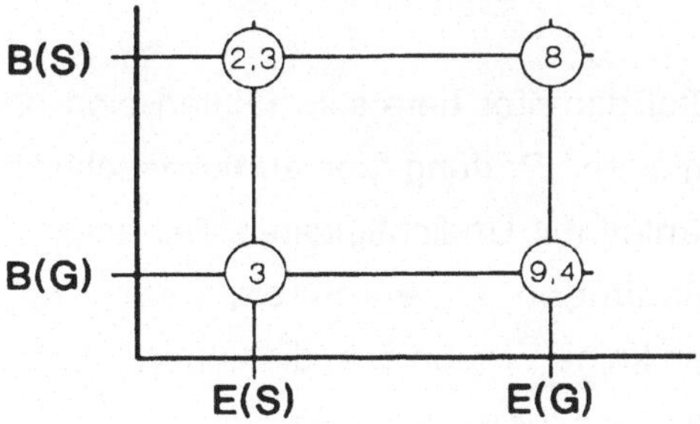

Bild 11.31
Komponententausch, Berechnung der Effekte

11.8.6 Umsetzung der Ergebnisse

Um die Unterschiede zwischen den Reifen zu ermitteln, werden die Lieferanten eingeschaltet, da dimensionelle Unterschiede nicht zu erkennen sind. Erst beim Vergleich der Herstellungsprozesse kommen Abweichungen zutage. Die bei der Fertigung der Reifen benutzten Werkzeuge sind unterschiedlich. Die Anzahl der Segmente des Werkzeuges, das die äußere Gestalt des Reifens formt, ist bei der guten Einheit größer als bei der schlechten. Damit sind zwar mehr Übergangsstellen zwischen den Segmenten innerhalb der Kreisform vorhanden, aber sie sind im einzelnen nicht so stark ausgeprägt. Außerdem führt die größere Anzahl von Übergängen zu einer anderen Eigenfrequenz, die nicht im Resonanzbereich des Gesamtfahrzeugs liegt. Der Lieferant der "schlechten" Reifen stellt seinen Prozeß entsprechend um und wird anschließend wieder zur Lieferung freigegeben. Das Problem ist somit aller Voraussicht nach dauerhaft abgestellt. Es wird vereinbart, ähnliche Probleme in Zukunft in der gleichen systematischen Weise anzugehen.

11.9 Paarweiser Vergleich

11.9.1 Problembeschreibung

In einer Firma, die Stoßdämpfer herstellt, häuften sich bei einem Typ die Anzahl der Reklamationen. Prüfung der zurückgeschickten Stoßdämpfer ergab einen großen Anteil mit Undichtigkeiten. Bei anderen waren die verschiedensten Abweichungen zu erkennen, aber Vergleiche mit den Spezifikationen zeigten keine Ergebnisse, die außerhalb der Toleranz lagen. Zur Untersuchung des Problems sollte die Statistische Versuchsmethodik eingesetzt werden. Da sich die Einheiten nicht demontieren ließen, sondern nach Zerlegung in Einzelteile nur verschrottet werden konnten, war der "Paarweise Vergleich" in diesem Fall einsetzbar.

Dazu war es aber notwendig, neben den reklamierten Einheiten gute Teile zur Verfügung zu haben, um diese paarweise miteinander vergleichen zu können. Man wies deshalb die Werkstätten an, in jedem Reklamationsfall immer beide Stoßdämpfer einer Achse auszuwechseln, auch wenn nur eine Seite reklamiert wurde. Diese Einheiten sollten zusammen eingeschickt werden, um paarweise gute und schlechte Einheiten zu haben, die gleiches Alter, gleiche Kilometerleistung und gleiche Belastung aufwiesen.

11.9.2 Festlegung der charakteristischen Zielgröße

Die Zielgröße war in diesem Fall "reklamiert", und nur dadurch zu definieren, daß die guten Einheiten "nicht reklamiert" wurden. Sicher hätten andere Funktionsgrößen zur Unterscheidung benutzt werden können, aber die Messungen verschiedener Charakteristiken brachten nicht die gewünschten Unterschiede, um die Ursachen für die Reklamationen zu finden.

11.9.3 Versuchsdurchführung

Die zurückgeschickten Paare von guter und schlechter Einheit wurden betrachtet, um Unterschiede zu finden. Diese wurden schriftlich fixiert und mit einem Kennbuchstaben (= Einflußgröße) bezeichnet. Traten Besonderheiten bei beiden Einheiten auf, so wurden diese auch mit Kennbuchstaben versehen und in dem, vom Bild 9.24 her bekannten Erfassungsschema, festgehalten. Das Auftreten wurde mit einem Pluszeichen (+) vermerkt. Das Nichtvorhandensein eines solchen Merkmales wurde durch ein Minuszeichen (-) gekennzeichnet. In der zeitlichen Reihenfolge wurden folgende "Einflußgrößen" gefunden:

(A) Undichtigkeit

(B) Dichtung beschädigt

(C) Kolbenstange beschädigt

(D) Kolbenstange Oberflächenrauheit unterschiedlich (*)

(E) Kolbenstange verbogen

(F) Befestigungsgewinde beschädigt

* Bei diesem Unterschied ging es nicht nur um "vorhanden" oder "nicht vorhanden". Die visuell gefundenen Unterschiede in der Oberflächenrauhigkeit wurden durch Messungen bestätigt. Diese Meßergebnisse wurden in zwei Gruppen eingeteilt:

(+): 3µm < R_a < 6 µm (Spezifikation R_a < 6 µm)

(-): R_a < 3 µm.

Die gefundenen Ergebnisse von acht Paaren sind in Bild 11.32 im Erfassungsschema niedergeschrieben.

Erfassungsschema

Festgestellte Unterschiede

	Gute Einheit						Schlechte Einheit						
Paar-Nr.	A	B	C	D	E	F	A	B	C	D	E	F	Bem.
1	-	-	-	-	-	-	+	+	-	-	-	+	
2	-	-	-	-	-	-	+	+	+	+	-	-	
3	+	+	-	-	-	-	+	-	-	+	-	-	
4	-	-	-	-	-	-	-	-	+	-	+	+	
5	-	-	-	-	-	+	+	+	-	+	-	-	
6	-	-	-	-	-	-	+	+	-	+	-	-	
7	+	-	-	+	-	-	-	-	-	-	-	-	
8	-	-	-	-	-	+	+	-	+	+	-	+	
9	-	-	-	-	-	-	+	+	-	-	-	-	

Beschreibung des Unterschiedes

A ▪	*Undichtigkeit*	D ▪	*Kolbenstange Rauhigkeit*
B ▪	*Dichtung beschädigt*	E ▪	*Kolbenstange verbogen*
C ▪	*Kolbenstange beschädigt*	F ▪	*Gewinde beschädigt*

Haupteinflußgröße(n) ROTES-X: *A* ROSA-X: *B / D*

Bild 11.32
Komponententausch, Quantitative Analyse

11.9.4 Versuchsauswertung

Zur Auswertung wurde die Differenz zwischen dem Vorhandensein bei den schlechten Einheiten zu dem bei den guten Einheiten berechnet. Dies ergab für die Einflußgröße A (Undichtigkeit) z.B. 7 - 2 = 5. D.h., daß bei den schlechten Einheiten 7 mal Undichtigkeiten gefunden wurden und nur 2 mal bei den guten. Bei den guten Einheiten traten zwar auch Undichtigkeiten auf, aber doch wesentlich mehr bei den schlechten. Diese Differenzen pro Einflußgröße ergab folgende Reihenfolge:

5 bei (A) Undichtigkeit
4 bei (B) Dichtung beschädigt
4 bei (D) Kolbenstange Oberflächenrauheit unterschiedlich (*)
3 bei (C) Kolbenstange beschädigt
1 bei (E) Kolbenstange verbogen
1 bei (F) Befestigungsgewinde beschädigt

A war somit das Rote-X, B und D könnten als Rosa-X bezeichnet werden. Undichtigkeit und beschädigte Dichtung waren die häufigste Ursache für Reklamationen. Die Unterschiede in der Oberfächenrauhigkeit der Kolbenstange waren aber als wirkliche Ursache für die Beschädigung der Dichtung und die daraus folgende Undichtigkeit anzusehen. Alle anderen gefundenen Unterschiede waren nicht relevant und konnten möglicherweise auch beim Ausbau der Stoßdämpfer aufgetreten sein.

11.9.5 Umsetzung der Ergebnisse

Die Spezifikation für die Oberflächenrauhigkeit wurde nach diesem Versuch von

$$R_a < 6\ \mu m \quad \text{in} \quad R_a < 3\ \mu m$$

geändert. Nach dieser Änderung gingen die Reklamationen auf die bei anderen Typen auftretenden minimalen Prozentsätze zurück. Das Problem der ungewöhnlich hohen Reklamationszahlen war beseitigt. Die Ursache wäre beim Vergleich der schlechten Einheiten mit den Spezifikationen nicht gefunden worden. Der Einsatz des Paarweisen Vergleichs hatte sich somit bewährt. Nach diesem Erfolg setzte die Firma die Methode stets bei Feldreklamationen und nicht zu demontierenden Produkten ein. Eine Reihe von Zeichnungs-, Prozeß- und Prüfungsänderungen war die Folge, weil sich häufig Teile, obwohl sie innerhalb der Spezifikationen lagen, im rauhen Alltagsbetrieb nicht bewährten. Die Zuverlässigkeit von Produkten kann nicht immer von vornherein durch die Spezifikationen erfaßt werden. Auch Tests geben nicht immer die Belastung wieder, denen die Produkte später unterworfen sind. Das beste Mittel ist die Beobachtung der Produkte im Markt, um früh auf Probleme aufmerksam zu werden und Abstellmaßnahmen einzuleiten. Dies führt in vielen Fällen zu einer deutlichen Qualitätsverbesserung aller Produkte einer Firma und damit zu höherer Kundenzufriedenheit. Kundenzufriedenheit und Einhaltung der Spezifikationen sind manchmal zwei verschiedene Maßstäbe.

11.10 Variablenvergleich

11.10.1 Problembeschreibung

In einer Firma, die auf Haushaltsgeräte spezialisiert ist, wird ein neues Mixgerät entwickelt. Da bei den früheren Geräten häufig die zu große Geräuschentwicklung beanstandet wurde, soll dieses Problem diesmal früh genug in der Entwicklungsphase angegangen werden. Die veränderte Form des Gerätes macht eine Neukonstruktion des Elektromotors erforderlich, und das Zusammenwirken von beiden soll zur Geräuschminimierung benutzt werden. Die Untersuchung wird mit Prototypen vorgenommen, wobei die wichtigsten Einflußgrößen, ihre Haupteffekte, aber auch die Wechselwirkungseffekte gefunden werden sollen. Um die Anzahl der Prototypen und Einzelversuche auf ein Minimum zu bringen, erscheint der Variablenvergleich nach Shainin die beste Methodik.

11.10.2 Festlegung der charakteristischen Zielgröße

Zielgröße ist die Geräuschabstrahlung, gemessen in dB (deciBel) mit einem Schallintensitätsmeßgerät. Grenzwerte werden aus Erfahrung mit anderen Geräten vorgegeben. Diese sollen, so weit es wirtschaftlich möglich ist, noch unterschritten werden.

11.10.3 Auswahl der Einflußgrößen und Reihenfolge

Wie eingangs schon gesagt, geht es vor allen Dingen um den Einfluß des neu entwickelten Elektromotors, da das Getriebe und andere Einzelkomponenten von einem bewährten Gerät übernommen werden können. So muß der neue Motor, die Anordnung desselben im Gehäuse und das neu zu gestaltende Gehäuse untersucht werden. Ingenieure und Techniker aus Entwicklung, Konstruktion, Planung, Fertigung und Service setzen sich zusammen und legen folgende Einflußgrößen in der Reihenfolge ihrer Wichtigkeit fest:

1. (A) Grad der Unwucht des Elektromotors
2. (B) Lagerspiel des Elektromotors
3. (C) Art der Lagerung des Elektromotors
4. (D) Unwucht der Rührwerkzeuge
5. (E) Gestaltung des Gehäuses
6. (F) Dämpfung zwischen Elektromotor und Gehäuse

11.10.4 Bestimmung der Wertstufen

Beim Variablenvergleich müssen die Wertstufen theoretisch auf einer zu erwartenden guten und schlechten Wertstufe im Team festgelegt werden. Deshalb ist es erforderlich, jede Einflußgröße einzeln zu betrachten.

(A) Grad der Unwucht. Der Mittelwert der Unwucht von den zur Zeit produzierten Läufern wird als "schlechte" Wertstufe verwendet und ein besser ausgewuchteter Läufer, der dem besten Wert der laufende Serie entspricht, als "gute" Wertstufe bestimmt. Die Unterschiede stimmen mit der laufenden Serie überein, wobei man ganz schlecht ausgewuchtete Läufer für die Versuche nicht benutzen will, da man hier den größten Einfluß auf die Geräuschentwicklung vermutet und auf jeden Fall Verbesserungen einführen möchte.

(B) Das Lagerspiel des Motors. Auch hier werden Werte aus der Erfahrung festgelegt, die den guten bzw. schlechten Ergebnissen der laufenden Fertigung entsprechen.

(C) Die Art der Lagerung. Hier ist ein Lieferant mit einer Neuentwicklung an den Hersteller der Küchengeräte herangetreten, die eine Verbesserung gegenüber der laufenden Serie verspricht. Dies bestimmt die gute Wertstufe, das neu entwickelte Lager soll denen der laufenden Serie (= schlechte Wertstufe) gegenübergestellt werden.

(D) Die Unwucht der Rührwerkzeuge wird durch die Auswahl von gut und schlecht ausgewuchteten Werkzeugen berücksichtigt. Diese Werkzeuge werden zwar in der laufenden Produktion nicht speziell ausgewuchtet, aber es ist möglich, sie durch Aussuchen in gute und schlechte einzustufen. Dementsprechend werden die beiden Wertstufen bestimmt.

(E) Gestaltung des Gehäuses. Für die schlechte Wertstufe wählt das Team die einfachste Ausführung aus ohne jede Verstärkungsrippen oder andere bekannte Maßnahmen zur Geräuschreduzierung. Die gute Wertstufe besteht aus einem aufwendig mit Rippen versteiften Gehäuse und dickerer Materialstärke in bestimmten Bereichen. Von einem Unterschied in der Wahl des Roh-Materials wird abgesehen.

(F) Dämpfung zwischen Elektromotor und Gehäuse. Die schlechte Wertstufe hat keinerlei Dämpfung zwischen Gehäuse und Motor, während bei der guten Gummirundschnurringe zwischen Motor und Gehäuse vorgesehen werden.

11.10.5 Versuche und Ergebnisse

Es werden jeweils zwei Prototypen der guten und der schlechten Wertstufe hergestellt, wobei man sich in der Herstellungsmethode so weit wie möglich des in der laufende Serie angewendeten Verfahrens bedient. Als Einzelergebnis soll der Mittelwert aus drei Wiederholungen, gemessen an beiden Prototypen, in das Ergebnis eingehen.

Beim ersten Versuch (siehe Bild 11.33) werden alle guten Wertstufen zu einer "Guten Einheit" zusammengebaut. Entsprechendes gilt für die "Schlechte Einheit", bei der die gewählten Einflußgrößen auf der schlechten Wertstufe verbaut werden. Das Ergebnis entspricht den Erwartungen. Die gute Einheit hat eine wesentlich geringere Geräuschabstrahlung als die schlechte. Eigentlich könnte man den Versuch hier abbrechen, da sich die als wichtig erkannten Einflußgrößen bestätigen. Der Versuch soll aber darüberhinaus ergeben, ob

Versuch	getauschte Komponent.	"Gute" Einheit	"Schlechte" Einheit
1 Start		$Alle(G)_1$ = 18	$Alle(S)_1$ = 51
2 Wiederh.		$Alle(G)_2$ = 30	$Alle(S)_2$ = 48
3	A	A(S)R(G) = 36	A(G)R(S) = 45
4	B	B(S)R(G) = 25	B(G)R(S) = 52
5	C	C(S)R(G) = 18	C(G)R(S) = 50
6	D	D(S)R(G) = 22	D(G)R(S) = 52
7	E	E(S)R(G) = 43	E(G)R(S) = 41
8	F	F(S)R(G) = 47	F(G)R(S) = 32
9 Bestätig.	D&G	A(S)E(S)F(S)R(G) = 51	A(G)E(G)F(G)R(S) = 20

R = Restliche Komponenten

$$D = \frac{G_1 + G_2}{2} - \frac{S_1 + S_2}{2} = \frac{18 + 30}{2} - \frac{51 + 48}{2} = 24 - 49{,}5 = -25{,}5$$

$$d = \frac{G_1 - G_2}{2} + \frac{S_1 - S_2}{2} = \frac{18 - 30}{2} + \frac{51 - 48}{2} = -6 + 1{,}5 = -4{,}5$$

Bild 11.33
Variablenvergleich, Versuchssystematik

alle Einflußgrößen gleich wichtig sind, bzw. welche den größten Anteil an diesem Ergebnis haben. Dies dient zur Optimierung des Mixgerätes und der Produktionskosten.

Die Prototypen werden demontiert und sorgfältig wieder zusammengebaut. Eine erneute Messung der Geräuschabstrahlung zeigt eine auffällige Verschlechterung der guten Einheit und eine geringfügige Verbesserung der schlechten Einheit. Dies ist am besten der grafischen Darstellung in Bild 11.34 zu entnehmen.

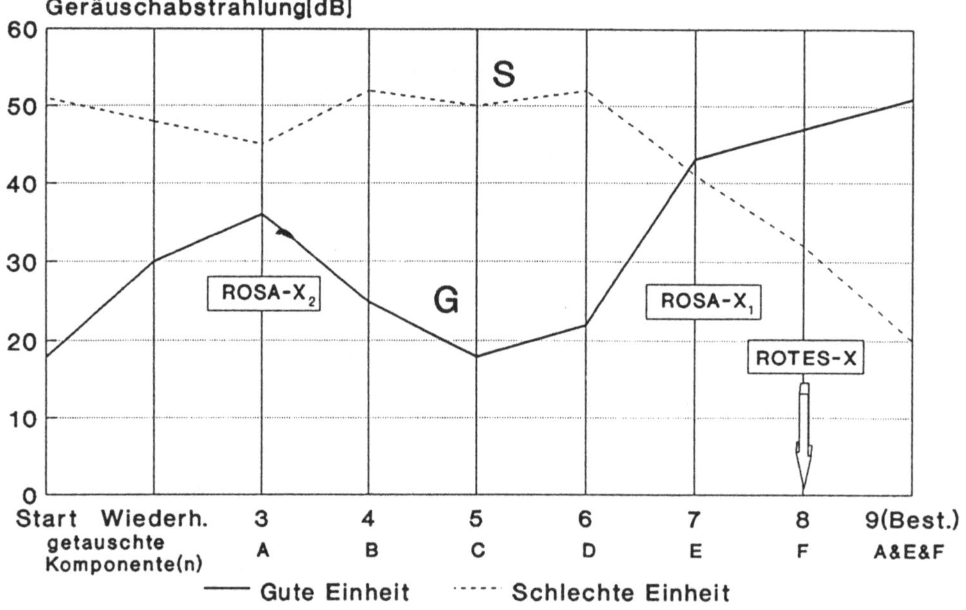

Bild 11.34
Variablenvergleich, Grafik

Eine Berechnung der signifikanten und wiederholbaren Differenz ergibt ein Verhältnis von D zu d = 5,7. Die Forderung nach einem Verhältnis von größer als 5 ist somit gegeben. Der Versuch kann fortgeführt werden.

Im dritten Einzelversuch werden die Läufer mit unterschiedlicher Unwucht getauscht. Die gute Einheit wird deutlich schlechter, und die schlechte Einheit zeigt eine geringfügige Verbesserung, d.h. eine Verminderung der Geräuschabstrahlung. Wie sich später bestätigen wird, handelt es sich hierbei um ein Rosa-X. Nach Rücktausch der Läufer zu ihrer ursprünglichen Einheit werden die Lagerungen des Elektromotors mit unterschiedlichem Spiel ausgetauscht. Die Ergebnisse nähern sich dem Ausgangszustand an, d.h. keine wichtige Einflußgröße. Auch das Austauschen der Lagerart zeigt keine Ergebnisänderung zum Ausgangszustand. Die Einzelversuche mit Rührwerkzeugen unterschiedlicher Unwucht bringen ebenfalls für beide Einheiten keine neuen Erkenntnisse. Alle drei Einflußgrößen B, C und D werden deshalb als unwichtig eingestuft. Erst der Austausch der Gehäuse (E) zeigt wieder eine deutliche Veränderung, sowohl bei der guten als auch bei der schlechten Einheit. Ein weiteres Rosa-X ist gefunden. Aber erst der Tausch der zusätzlichen Dämpfung (F) von der guten zur schlechten Einheit und umgekehrt bringt fast eine Umkehr der Ergebnisse. Das Rote-X ist lokalisiert.

Die Bestätigungsversuche, bei denen die drei als wichtig erkannten Einflußgrößen mit jeweils allen anderen Einflußgrößen gegensätzlich gepaart werden, zeigen die **totale** Umkehr in der Geräuschabstrahlung. Der Versuch in seiner praktischen Durchführung ist beendet. Die wichtigsten Einflußgrößen

- das Rote-X und zwei Rosa-X -

sind gefunden.

Die Berechnung von Haupt- und Wechselwirkungseffekten erscheint wünschenswert, um die gefundenen Einflüsse quantitativ bewerten zu können. Da es sich um drei Einflußgrößen handelt — A, E und F — muß in diesem Fall eine voll-faktorielle Matrix für drei Einflußgrößen auf zwei Stufen herangezogen werden, so wie sie in Bild 11.35 nochmals gezeigt wird.

Die entsprechende Zuordnung der Ergebnisse des Gesamtversuchs zu dieser Matrix ist in Bild 11.36 gezeigt. Die zugehörigen Zahlenwerte sind dem Bild 11.37 zu entnehmen, aus denen dann die (Mittel-)Werte für Y_1 bis Y_8 berechnet bzw. übertragen werden. Die Berechnung der Haupt- und Wechselwirkungseffekte erfolgt nach der in Bild 11.38 oben gezeigten Auswertungsmatrix. Das Vor-

	A(S)		A(G)	
	F(S)	F(G)	F(S)	F(G)
E(S)	− − − Y_1	− − + Y_2	+ − − Y_5	+ − + Y_6
E(G)	− + − Y_3	− + + Y_4	+ + − Y_7	+ + + Y_8

Bild 11.35
Variablenvergleich, Quantitative Analyse

	A(S)		A(G)	
	F(S)	F(G)	F(S)	F(G)
E(S)	Alle(S)$_1$ Alle(S)$_2$ B(G)R(S) C(G)R(S) D(G)R(S) A(S)E(S)F(S)R(G) Y_1	F(G)R(S) Y_2	A(G)R(S) Y_5	E(S)R(G) Y_6
E(G)	E(G)R(S) Y_3	A(S)R(G) Y_4	F(S)R(G) Y_7	Alle(G)$_1$ Alle(G)$_2$ B(S)R(G) C(S)R(G) D(S)R(G) A(G)E(G)F(G)R(S) Y_8

Bild 11.36
Variablenvergleich, Quantitative Analyse

	A(S)		A(G)	
	F(S)	F(G)	F(S)	F(G)
E(S)	51 48 52 50 52 51 Y_1 = 50,7	32 Y_2 = 32	45 Y_5 = 45	43 Y_6 = 43
E(G)	41 Y_3 = 41	36 Y_4 = 36	47 Y_7 = 47	18 30 25 18 22 20 Y_8 = 22,2

Bild 11.37
Variablenvergleich, Quantitative Analyse

zeichen in jeder Spalte bestimmt, wie die Resultate der Einzelversuche zusammenzufassen sind. Die sich daraus ergebende Summe steht in der untersten Zeile und muß jeweils noch durch 4 geteilt werden (Mittelwert aus 4 Ergebnissen), um die tatsächlichen Effekte zu berechnen. Es ist aber bereits aus dieser Summe abzulesen, daß F (Dämpfung) den größten Einfluß als Haupteffekt hat. E (Gestaltung des Gehäuses) hat eine geringere und A (Grad der Unwucht) eine wesentlich geringere Bedeutung. Der Wechselwirkungseffekt höherer Ordnung zwischen A, E und F erscheint sehr groß. Es wird aber anschließend besprochen, warum er für die Auswertung keine Rolle spielt. Zur besseren Verdeutlichung sind in Bild 11.38 unten die wichtigsten Haupt- und Wechselwirkungseffekte noch einmal grafisch dargestellt. Jeder Effekt pro Stufe ist zu berechnen, indem man alle positiven bzw. alle negativen Resultate aus der Auswertungsmatrix addiert und durch deren Anzahl (= vier) teilt. Dadurch ergeben sich die durchschnittlichen Werte der Geräuschabstrahlung, der Haupteffekt pro Einflußgröße und Stufe, sowie die entsprechenden

3 Einflußgrößen / 2 Stufen

Auswertungsmatrix
Haupt- und Wechselwirkungen

(S) = -
(G) = +

Versuchs Nr.	A	E	F	A&E	A&F	E&F	A&E&F	Resultat
1	-	-	-	+	+	+	-	Y_1 = 50,7
2	-	-	+	+	-	-	+	Y_2 = 32
3	-	+	-	-	+	-	+	Y_3 = 41
4	-	+	+	-	-	+	-	Y_4 = 36
5	+	-	-	-	-	+	+	Y_5 = 45
6	+	-	+	-	+	-	-	Y_6 = 43
7	+	+	-	+	-	-	-	Y_7 = 47
8	+	+	+	+	+	+	+	Y_8 = 22,2
Summe	-2,5	-24,5	-50,5	-6,55	-1,55	-4,55	-36,5	

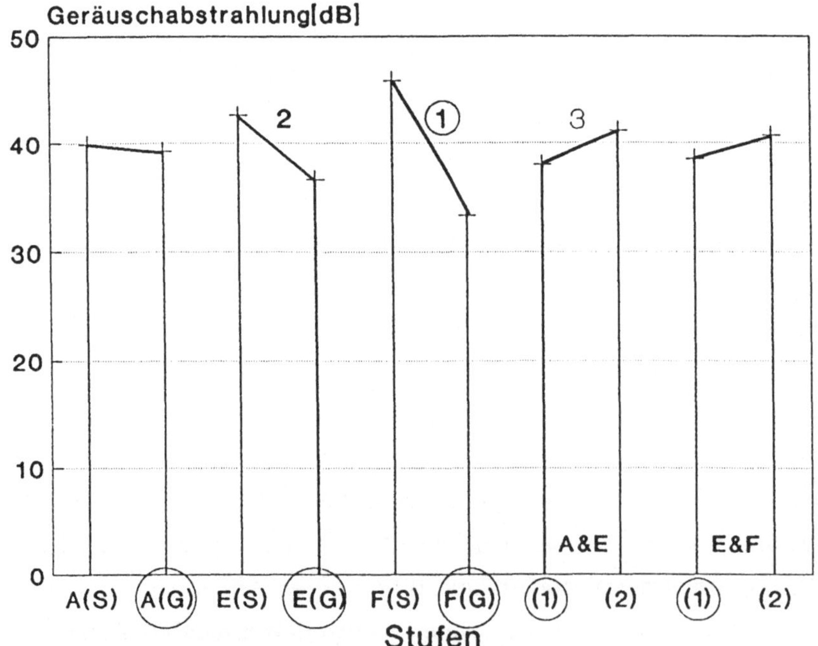

Bild 11.38
Variablenvergleich, Auswertungsmatrix und Grafik

Wechselwirkungseffekte. Die zu wählenden Einstellungen sind durch Kreise hervorgehoben. Die Berechnung ist mit Hilfe der Bilder 11.35 bis 11.38 gut nachzuverfolgen.

11.10.6 Wechselwirkungseffekte höherer Ordnung

In Bild 11.39 wird versucht, die Auswirkungen von drei Einflußgrößen, die eigentlich nur dreidimensional und in Form von sich schneidenden Ebenen dargestellt werden können, in zwei Dimensionen darzustellen. Man kann die auftretenden Wechselwirkungseffekte daraus erkennen, ohne deren Wichtung abschätzen zu können. Die Darstellung soll nur zeigen, daß die beste Einstellung gegeben ist, wenn alle drei Einflußgrößen auf der besten Stufe sind, = A(G)E(G)F(G). Dies konnte aber bereits aus den in Bild 11.38 gezeigten Grafiken deutlich abgelesen werden. Damit wird die eingangs gemachte Aussage bestätigt, daß die Wechselwirkungen höherer Ordnung für die Auswertung und richtige Analyse der Versuchsergebnisse von untergeordneter Bedeutung sind. Selbst in dem hier geschilderten Fall, wo Wechselwirkungseffekte zwischen allen drei Einflußgrößen zu erkennen sind, ergeben sich keine neuen Erkenntnisse. Die notwendigen Informationen können aus den Haupt- und Wechselwirkungseffekten zwischen zwei Einflußgrößen gewonnen werden.

11.10.7 Umsetzung der Ergebnisse

Die weitere Optimierung der Prototypen bezieht sich vor allen Dingen auf die drei als wichtig erkannten Einflußgrößen. Auch wenn die Einflußgröße A (Grad der Unwucht des Elektromotors) allein als nicht so wichtig herauskommt, unterstreichen die berechneten Wechselwirkungseffekte ihre Bedeutung. Bei den als unkritisch erkannten Einflüssen kann die Toleranz erweitert werden, bzw. wird die neue Art der Lagerung (C) nicht eingeführt. Bevor die Zeichnungen, Spezifikationen und andere Unterlagen an die Planungsabteilung

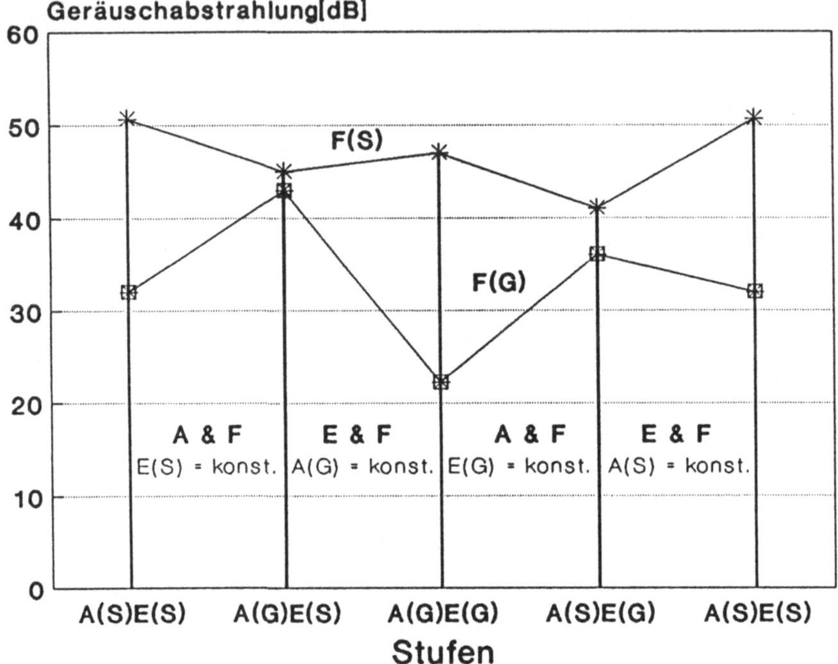

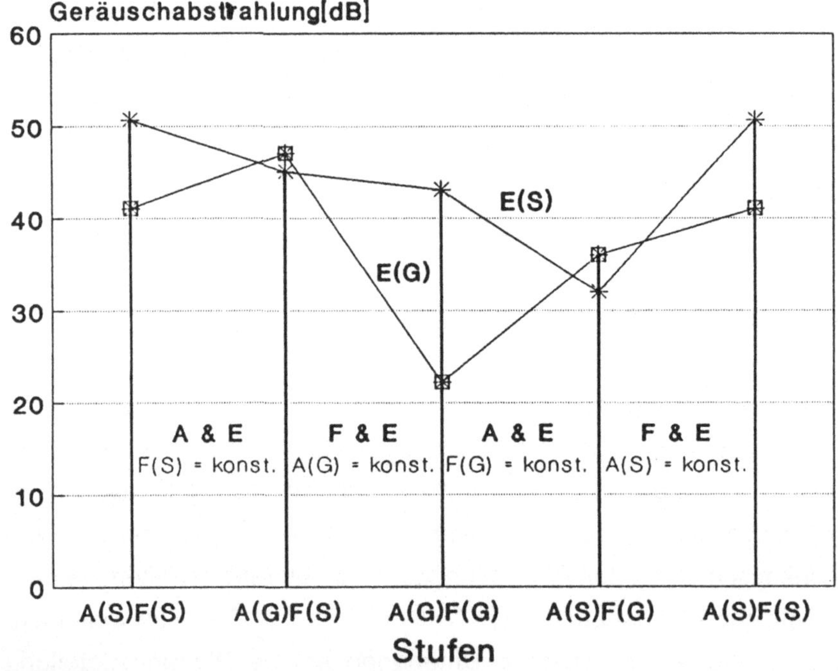

Bild 11.39
Variablenvergleich, Wechselwirkungseffekte

weitergegeben werden, ist somit wichtige Vorarbeit geleistet worden, die die Anzahl der Änderungen von Produkt und Herstellungs-Prozessen auf ein Minimum reduziert. Die Kosten können durch Zugeständnisse an die Fertigung in Form erweiterter Toleranzen entscheidend verringert werden. Der erhöhte Zeitaufwand für die Versuche kann durch einen reibungloseren Ablauf in der Planungs- und Einführungsphase mehr als ausgeglichen werden.

12 Umsetzung der Versuchsergebnisse in die Praxis

Nach Abschluß und Auswertung der Versuche sind nun die Ergebnisse in die Praxis umzusetzen. Besondere Aufmerksamkeit gilt den als wichtig eingestuften Einflußgrößen (auch mit Rotem-X bzw. Rosa-X bezeichnet). Sie werden benutzt, um die Zielgröße zu zentrieren, d.h. möglichst auf den gewünschten Zielwert auszurichten. Das kann ein ganz bestimmter Sollwert sein, aber auch das Minimieren oder Maximieren des Zielwerts gehört dazu.

Weiterhin kennt man die Einflußgrößen, die die Streuung der Zielgröße am meisten beeinflussen. Deshalb sind die wichtigen Einflußgrößen in ihrer Variation zu begrenzen. Das führt häufig zur Einschränkung von Toleranzen und somit erhöhtem Aufwand. Man sollte nie vergessen, die als unwichtig erkannten Einflußgrößen in den Entscheidungsprozeß mit einzubeziehen. Diese dürfen sich in einem größeren Bereich verändern, ohne deutliche Auswirkungen auf die Zielgröße auszuüben. Somit können Toleranzen für unwichtige Einflußgrößen vergrößert und eine Verringerung des Aufwands erzielt werden. Es sind viele Fälle bekannt, bei denen durch Toleranzvergrößerung mehr Kosten eingespart wurden als die Einengung der Toleranzen von wichtigen Einflußgrößen kostete. Insgesamt führen die Veränderungen von Toleranzbereichen somit zu einer Kostenreduzierung und bestätigen den Grundsatz, daß eine **geplante und gezielte** Optimierung meist mit geringerem Aufwand erreicht wird. Das Ziel, besser und billiger zu produzieren, wird durch den Einsatz der Statistischen Versuchsmethodik in der Planung und der laufenden Produktion erreicht und die Kundenzufriedenheit entscheidend verbessert. Dabei sollte die Betonung auf dem **Einsatz in der Planung** liegen, da die Kosten pro Änderung mit Fortschreiten der Entwicklung überproportional wachsen. Dies wird auch deutlich durch den in Bild 12.1 gezeigten Vergleich von japanischer und westlicher Vorgehensweise.

Um die wahren Kosteneinsparungen noch besser zu erkennen, muß man die Kosten/Änderung mit der Anzahl der Änderungen multiplizieren. Deutlicher können einem die Vorteile systematisierter Planung und Entwicklung nicht vor Augen geführt werden.

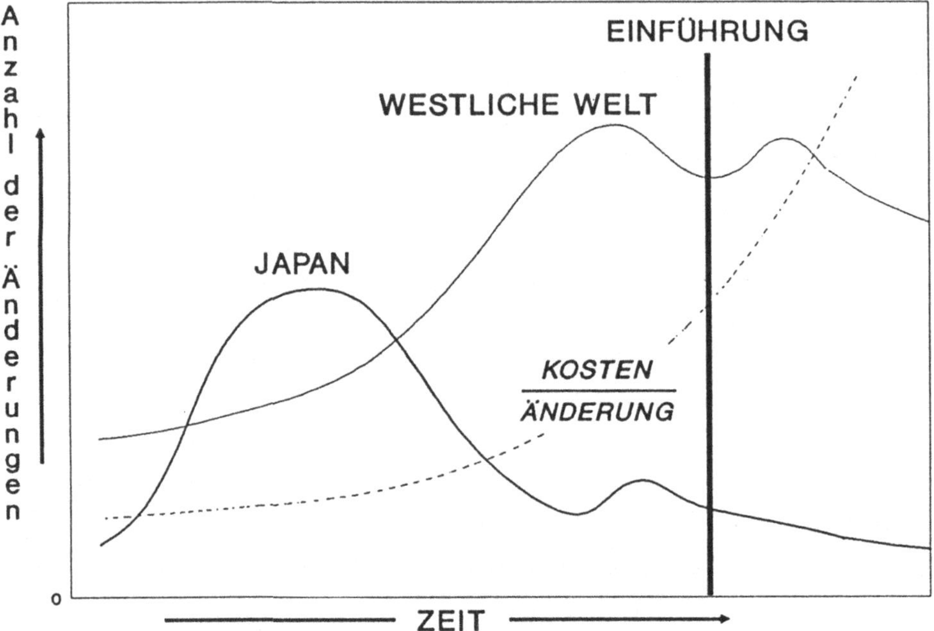

Bild 12.1
Vergleich der Vorgehensweise

In diesem Zusammenhang muß auch noch einmal auf die im Anfang erwähnte Robustheit eingegangen werden. Robustheit heißt, einen Bereich für die Einflußgröße zu finden, in dem sich deren Veränderungen nur minimal auf die Zielgröße auswirken (siehe Kapitel 5). Bei einem nicht-linearen Zusammenhang zwischen Einflußgröße und Zielgröße soll dies immer angestrebt werden, auch wenn es nicht zur eingangs genannten Zentrierung beiträgt. Hier muß an Taguchis Grundsatz erinnert werden, der die Reduzierung der Streuung für wichtiger hält als die Annäherung an einen in Spezifikationen (theoretisch!) festgelegten Sollwert. Um solche Nichtlinearitäten zu finden, sind mehr als zwei Stufen der entsprechenden Einflußgröße zu untersuchen. Der dadurch erhöhte Versuchsaufwand macht sich aber durch eine Streuungsreduzierung bezahlt und soll deshalb nicht außer acht gelassen werden. Wenn nach Abschluß der Versuche eine einzelne als wichtig erkannte Einflußgröße eine Chance für diesen nicht-linearen Zusammenhang verspricht, sollte der Aufwand für einen weiteren Versuch — sei es auch nur mit einer Einflußgröße auf mehr als zwei Stufen — nicht gescheut werden. Lassen mehrere Einflußgrößen einen nicht linearen Zusammenhang zwischen Ziel- und Einflußgröße erwarten, so sind unbedingt weitere Versuche nach den Regeln der Statistischen Versuchsmethodik durchzuführen.

Jeder Versuch ohne anschließend erfolgreich eingeführte Maßnahmen und ständige Überwachung für das Einhalten der Vorschriften ist sinnlos. Aber auch die Bestätigung der Einstellwerte ist als Erfolg zu werten. Wenn Maschinenbediener und deren direkte Vorgesetzte nicht mit in die Planung und Durchführung der Versuche einbezogen werden, neigen sie dazu, mit kleinen Verbesserungen den Prozeß laufend zu optimieren. Diese ungeplante und unsystematische Vorgehensweise muß auf jeden Fall vermieden werden. Jede gewünschte Veränderung der Einstellungen oder anderer Einflußgrößen muß weitere Versuche auslösen und kann erst durch diese bestätigt oder abgelehnt werden. Häufig wird das Konzept der dauernden Verbesserungen in kleinen Schritten, auch unter dem Namen KAIZEN bekannt, mißverstanden. Sicher heißt es, die Prozesse und die Produkte dauernd zu verbessern. Aber dem entgegen steht die Problematik, die bekanntermaßen mit jeder Änderung verbunden ist. Geplante Verbesserung in gewissen Zeitabständen ist der zu empfehlende Weg. KAIZEN ist so zu verstehen, daß man sich mit dem einmal Erreichten nicht zufrieden gibt. Jede Änderung muß vor Einführung sorgfältig geprüft werden. Dabei wird mit Hilfe der Statistischen Versuchsmethode der Einfluß verschiedener oder mehrerer "Änderungen" gleichzeitig untersucht, bevor diese offiziell eingeführt werden. Systematische Vorgehensweise im Team mit allen Beteiligten ist Voraussetzung für den langfristigen Erfolg.

13 Zusammenfassung

In den vorausgegangenen Kapiteln habe ich versucht, den Leser mit dem systematischen Vorgehen beim Einsatz der Statistischen Versuchsmethodik vertraut zu machen. Dabei wurde die Mathematik weitgehend außen vor gelassen und bei den Erklärungen mehr der gesunde Menschenverstand angesprochen. Viel praktische Erfahrung floß ein, und auf Gefahren für den Anfänger wurde hingewiesen. Es hat sich immer wieder herausgestellt, daß der beste Weg zum Verstehen über das "learning by doing", über das "Lernen bei der Anwendung" führt. Jeder sollte mit einfachen Versuchen anfangen und mit jedem weiteren Einsatz etwas dazu lernen. Darum wurde dieses Buch in Form eines Leitfadens oder einer Richtlinie aufgebaut. Die Beispiele sind unter dem Gesichtspunkt ausgewählt, das Verständnis zu erleichtern und nicht, um die großen Erfolge bei der Anwendung herauszustellen.

Die Arbeit im Team kommt dem Lernprozeß ganz besonders zu Gute. Nicht nur weil verschiedene Ansichten zusammengetragen werden, sondern auch, weil es sich im Team viel einfacher lernen läßt. Gemeinsam gemachte Fehler tun nicht so weh! Das Gedankengut der Statistischen Versuchsmethodik wird so viel effektiver verbreitet, und Erfolge sprechen sich schneller herum.

Doch zu diesen Erfolgen gehört die Unterstützung des Managements. Wenn die Statistische Versuchsmethodik nur unter dem Druck des Kunden eingeführt wird und nur in der Schulung der Mitarbeiter ihren Niederschlag findet, ist Mißerfolg vorgezeichnet. Firmen, die ihren Erfolg an der Anzahl geschulter Mitarbeiter messen, sollten über das geringe Echo auf die Schulung nicht erstaunt sein. Das Management muß sich intensiv um die Anwendung der Statistischen Versuchsmethodik kümmern und diese systematische Denkweise im täglichen Betrieb exerzieren. So lange, wie improvisierte Abstellmaßnahmen stärker honoriert werden als planmäßiges Vorgehen, wird kein Unternehmen die Statistische Versuchsmethodik erfolgreich einsetzen können. Wenn systematische Vorbereitungen als Bürokratie angesehen und Feuerwehraktionen unterstützt werden, ist für die Statistische Versuchsmethodik kein Platz.

Der Schlüssel zum Erfolg liegt in der planmäßigen Vorbereitung und nicht in der Ausführung der Versuche. Darum ist es für das Management notwendig, diese Methodik zu verstehen oder wenigstens zu kennen. Das Argument, wir haben nicht die Zeit, derart viele Versuche zur Lösung des Problems durchzuführen, darf es nicht geben. Häufig kostet die zufällige Fehlersuche mehr Zeit und schützt nicht vor Wiederauftreten des Problems. Keiner der in Bild 13.1 genannten Schritte kann ausgelassen werden, und die Auswahl der richtigen Methode ist von großer Bedeutung für Zeit- und Kostenaufwand. Man erkennt deutlich, wie viele Schritte auszuführen sind, **bevor** man mit den Einzelversuchen beginnt. Das Management ist gut beraten, solche Systematik nicht nur vorzuschreiben, sondern auch aktiv zu unterstützen. Dazu gehört die Anerkennung für geleistete Arbeit, die aus diesem Grund in das Ablaufschema als separater Schritt eingebaut ist. Dem Team insgesamt ist Anerkennung auszusprechen, denn der Erfolg beruht auf Teamarbeit. Das ist eine Aufgabe, die vom Management häufig nicht beachtet oder übersehen wird.

Für Unternehmen, die die Statistische Versuchsmethodik ohne Erfolg eingesetzt haben, gilt das gleiche, wie für die erfolglose Total-Quality-Management Einführung. In beiden Fällen hat das Management versagt, weil es den Einsatz nur halbherzig unterstützte. **Ein** Ziel dieses Buches ist es, das gesamte Management auf die Möglichkeiten der Statistischen Versuchsmethodik aufmerksam zu machen und die Denkungsweise weiter zu verbreiten. Nur wenn im Management die Überzeugung für einen erfolgreichen Einsatz vorhanden ist, wird die Einführung der Statistischen Versuchsmethodik zum Erfolg führen. Wenn heute viel vom "Employee Involvement", von der Einbeziehung der Mitarbeiter in den Entscheidungsprozeß gesprochen wird, sollte man vielleicht einmal über mehr "Management Involvement" nachdenken. Jeder spricht von der Informationspflicht, um Entscheidungen des Managements für die Mitarbeiter verständlich zu machen. Wie sieht es aber mit dem Verständnis des

Managements für die Mitarbeiter aus? Eine klare Beantwortung dieser Frage kann der Schlüssel zum Prozeß der stetigen Qualitätsverbesserungen sein.

- **Problem beschreiben**
- **Team auswählen**
- **Charakteristische Zielgröße festlegen**
- **Einflußgrößen auswählen, evtl. wichten**
- **Wertstufen und deren Anzahl bestimmen**
- **Reihenfolge der Einzelversuche vorschreiben**

(evtl. Randomisieren)

- **Versuchsmethode auswählen**
- **Einzelversuche durchführen**
- **Bestätigungsversuch vornehmen**
- **Einzelergebnisse auswerten**
- **Versuchsergebnis umsetzen**
- **Gesamtversuch dokumentieren**
- **Team Anerkennung aussprechen und entlasten**
- **Weitere Optimierung überlegen**

Bild 13.1
Ablaufschema des Gesamtversuches

Literaturverzeichnis

/1/ Box, George E.P.; Hunter, William G.; Hunter, Stuart J.: Statistics for Experiment. New York: John Wiley & Sons.
1987 - ISBN 0-471-09315-7

/2/ DeVor, Richard E.; Chang, Tsong-How; Sutherland, John W.: Statistical Quality Design and Control. New York: Macmillan Publishing Company.
1992 - ISBN 0-02-946356-4

/3/ Bhothe, Keki R.: World Class Quality. New York: American Management Association.
1988 - ISBN 0-8144-2334-5

/4/ Danzer, Hans Heinz: Quality-Denken stärkt die Schlagkraft des Unternehmens. Zürich: Verlag Industrielle Organisation.
1990 - ISBN 3-85743-946-7

/5/ Krottmaier, Johannes: Versuchsplanung: Der Weg zur Qualität des Jahres 2000. Zürich: Verlag Industrielle Organisation. 1990 -ISBN 3-85743-945-9

/6/ Brunner, Franz J.: Wirtschaftlichkeit industrieller Zuverlässigkeitssicherung. Braunschweig/Wiesbaden: Friedr. Vieweg & Sohn Verlagsgesellschaft mbH.
1992 -ISBN 3-528-06457-9

/7/ Schulze, Claus: Einflußgrößenanalyse im Vorfeld der Statistischen Versuchsplanung. In: Qualität und Zuverlässigkeit, 36. Jahrgang (1991) S. 334-339

/8/ Nedeß, Christian; Holst, Gerald: Hilfen für die Statistische Versuchsplanung? In: Qualität und Zuverlässigkeit, 37. Jahrgang (1992) Teil 1. S. 93-97.
Teil 2. S. 157-159. Teil 3. S. 202-204

/9/ DGQ 11-04: Begriffe und Formelzeichen im Bereich der Qualitätssicherung/ DGQ. 3. Aufl. Berlin: Beuth Verlag GmbH.
1979. -ISBN 3-410-32760-6

/10/ Hofmann, Dietrich; Meinhard Regina; Reineck, Horst: Meßwesen, Prüftechnik, Qualitätssicherung. Begriffe und Definitionen. Berlin: VEB Verlag Technik. 1980. - Bestellnr.: 552 738 3

/11/ Masing, Walter (Hrsg.); Bruhn, Manfred (Mitarb.): Handbuch der Qualitätssicherung. 2. Aufl. München Wien: Carl Hanser Verlag. 1988 -ISBN 3-446-15172-9

Definitionen und Abkürzungen

Aussagewahrscheinlichkeit: Wahrscheinlichkeit dafür, daß eine statistische Aussage zutrifft.

Bestätigungsversuch: Versuch, der nach Abschluß aller Einzelversuche durchgeführt wird, und bei dem die Wertstufen dem besten Ergebnis entsprechend eingestellt werden. Ein Bestätigungsversuch ist immer dann notwendig, wenn die optimale Einstellung während der Einzelversuche nicht getestet wurde.

Dezibel: Kurzzeichen dB. Kennwert für den zwanzigfachen dekadischen Logarithmus des Verhältnisses zweier Größen gleicher Art, z.B. zweier Spannungen zur Angabe von Schallpegeln. Es hat keine Dimension.

Einflußgröße: Veränderbare Größe, die Einfluß auf die zu untersuchende Zielgröße hat. Manchmal auch zur Vereinfachung Faktor oder Komponente genannt. Letzteres vor allen Dingen, wenn es sich um einen Teil eines Gesamtsystems (Zusammenbau) handelt.

Einheit: Einzelner Gegenstand (Stück oder Stoffmenge), der ein oder mehrere Qualitätsmerkmale aufweist. Auch als materieller oder immaterieller Gegenstand der Betrachtung definiert.

Einstellung, optimale: Einstellwerte der Einflußgrößen, die zum besten Ergebnis der Zielgröße führen.

Einzelversuch: Versuch, bei dem die Einflußgrößen auf bestimmten Wertstufen eingestellt und miteinander kombiniert werden.

Faktor: siehe Einflußgröße

Faktorieller Versuch: Versuch, bei dem im Gegensatz zum voll-faktoriellen Versuch, nicht alle Kombinationen von Einflußgrößen mit ihren Wertstufen getestet werden.

Gesamtversuch: Ist die Zusammenfassung aller Einzelversuche einschließlich des Bestätigungsversuchs (wenn notwendig).

Haupteffekt: Effekt der Hauptwirkung einer Einflußgröße. Aus allen Ergebnissen der Einflußgröße auf einer Stufe wird ein Durchschnittswert berechnet. Der Haupteffekt ergibt sich aus der Differenz der Durchschnittswerte einer Einflußgröße auf verschiedenen Wertstufen.

Hauptwirkung: Unterschied, der durch eine Einflußgröße bei der Einstellung auf unterschiedlichen Stufen entsteht.

Just-in-time Schulung: Schulung, die unmittelbar vor Einsatz der Technik oder Methode durchgeführt wird und somit Teil der Lösung eines bestimmten Problems ist. Die Schulung findet im Kreise des zur Problemlösung berufenen Teams von Spezialisten statt.

Kombination: Zusammenfassen von Einflußgrößen auf bestimmten Wertstufen für einen Einzelversuch.

Komponente: siehe Einflußgröße

Korrelation: Eine meßbare Beziehung zwischen Zielwert und einer Einflußgröße mit Zufallscharakter.

Merkmal: Eigenschaft zum Erkennen oder zum Unterscheiden von Einheiten.

Meßgröße, attributiv: Zielwert, qualitativ ausgedrückt, der sich lediglich durch zwei sich gegenseitig ausschließende Varianten auszeichnet, z.B. kann ein Ergebnis fehlerhaft sein oder nicht.

Meßgröße, variabel: Zielwert, quantitativ, zahlenmäßig ausgedrücktes Merkmal, dessen Wert sich in bestimmten Maßeinheiten darstellen läßt.

Meßmethoden-Fähigkeit: Vergleich der Spezifikationen — oder der tatsächlichen Streuung eines Prozesses — mit der Meßunsicherheit. Die Meßunsicherheit kennzeichnet einen Wertebereich, innerhalb dessen der Wert der Meßgröße mit einer vorgegebenen Wahrscheinlichkeit (meist 99,73%) unter Berücksichtigung aller äußeren Einflüsse liegt.

Mittelwert: Summe der Merkmalswerte dividiert durch ihre Anzahl (Arithmetischer Mittelwert).

Nominalwert: Zielwert, der durch die Spezifikation als anzustrebender Wert vorgegeben ist.

Nullhypothese: Hypothese im Rahmen eines statistischen Tests, daß die Differenz zwischen einem angenommen Wert und dem tatsächlichen gleich Null ist. Oder anders ausgedrückt: Hypothese mit der zusätzlichen Bedingung, daß die Behauptung einen bestimmten Sachverhalt festlegt; daß z.B. ein Parameter einen charakteristischen Wert annimmt.

Parameterfrei: Rangfolge von Ergebnissen nach ihrem Wert, ohne jegliche Wichtung.

Problem: Auftreten von Abweichungen von der Spezifikation oder andere Kundenunzufriedenheiten. Meist meßbar durch Abweichung vom Nominalwert oder zu große Streuung des Zielwertes.

Prozeßfähigkeitsfaktor: Vergleich zwischen Spezifikationsgrenzen (Toleranz) und tatsächlicher Streuung eines Prozesses für eine bestimmte Charakteristik (Zielwert). Mit Streuung wird der Bereich gekennzeichnet, in dem theoretisch 99,73% der Ergebnisse liegen. Mindestforderung: Toleranzbereich = Streuung, Prozeßfähigkeitsfaktor > 1.

Qualitätsmerkmal: Ein die Qualität mitbestimmendes Merkmal.

Randomisierung: Reihenfolge der Versuche zufällig festlegen, um den Einfluß der nicht in den Versuch aufgenommenen und nicht konstant gehaltenen Einflußgrößen statistisch auszuschalten.

Regressionsgerade: Eine durch statistische Linearisierung definierte Gerade, die einen möglicherweise vorhandenen Zusammenhang zwischen Zielwert und Einflußgröße zum Ausdruck bringt.

Reihenfolge: Zeitliche Folge von Einzelversuchen (siehe Randomisierung).

Risiko: Wahrscheinlichkeit, daß ein unerwünschtes Ereignis auftritt.

Robustheit: Unempfindlichkeit der Zielgröße gegen Veränderungen einer oder mehrerer Einflußgrößen.

Signalgröße: Einflußgröße, bei der zwischen Ziel- und Einflußgröße keine lineare Abhängigkeit besteht.

Signal-Geräusch-Abstand: Verhältnis von Mittelwert zur Streuung aller Merkmalswerte. Positive Veränderung durch Annäherung des Mittelwertes an den Nominalwert oder Reduzierung der Streuung möglich.

Spezialist: Mitarbeiter aus einem bestimmten Fachbereich, der zur Lösung des anstehenden Problems auf Grund seines Wissens und seiner Erfahrung beitragen kann.

Standardabweichung: Kurzzeichen σ oder s. Maß für die zufällige Streuung der Einzelwerte um ihren Mittelwert. Gewinnt Bedeutung dadurch, daß bei einer Normalverteilung (theoretisch) 99,73% der Einzelwerte im Bereich von ±3 Standardabweichungen liegen.

Stichprobe: Eine oder mehrere Einheiten, die aus der Grundgesamtheit oder aus Teilgesamtheiten entnommen sind.

Störgröße: Einflußgröße, die nur registriert, aber nicht auf einen bestimmten Wert eingestellt werden kann.

Streuung: Qualitative Bezeichnung für das Abweichverhalten von Merkmalswerten (siehe auch Standardabweichung).

Stufe: siehe Wertstufe.

Team: Gruppe von Spezialisten für das zu lösende Problem.

Teil-faktorieller Versuch: siehe Faktorieller Versuch.

Toleranz: Höchst- minus Mindestwert, vorgegeben durch die Spezifikation.

Variable: siehe Einflußgröße.

Varianz: Quadrat der Standardabweichung als Maß für die Streuung.

Varianzanalyse: Aufteilung der Gesamtstreuung in die Streuungsanteile, die durch einzelne Einflußgrößen hervorgerufen werden.

Verlust: Umwandlung von Abweichungen vom Nominalwert in eine monetäre Meßgröße[DM]. Meist Annahme eines quadratischen Zusammenhangs zwischen Abweichung und Verlust.

Versuchsmethode: Vorgehensweise zur Planung und Auswertung von Versuchen unter Einsatz statistischer Gesetzmäßigkeiten.

Versuchs-Matrix: Darstellung aller Kombinationen von Einflußgrößen und Wertstufen für den Gesamtversuch.

Vollprüfung: Vollständige Qualitätsprüfung eines Merkmals aller Einheiten der zu kontrollierenden Erzeugnisse (100%-Prüfung eines Merkmales).

Voll-faktorieller Versuch: Versuch, bei dem alle Kombinationen von Einflußgrößen mit ihren Wertstufen getestet werden.

Wechselwirkung: Verhalten zwischen zwei oder mehr Einflußgrößen, wenn sie bei Änderung der Wertstufen zu gegenläufigen Ergebnissen führen.

Wechselwirkungseffekte: Effekte auf die Zielgröße, die durch Wechselwirkungen hervorgerufen werden.

Wertstufe: Einstellwert für die Einflußgröße während des Gesamtversuchs, der in den meisten Fällen aus dem Grenzwert des zu untersuchenden Bereichs besteht.

Wiederholung: Nochmalige Durchführung des Versuchs mit der gleichen Kombination von Einflußgrößen und Wertstufen zu einem anderen Zeitpunkt. Gilt die Wiederholung für einen Gesamtversuch, so werden alle Kombinationen nochmals untersucht, allerdings in einer neuen, zufälligen Reihenfolge.

Zielgröße, charakteristische: Merkmalswert, mit dem das Problem bestmöglich meßbar gemacht werden kann.

Zufallsreihenfolge: siehe Randomisierung.

Sachwortverzeichnis